老旧小区改造理论与实践系列丛书

城镇老旧小区改造技术指南

TECHNICAL GUIDELINES FOR RENOVATION OF OLD URBAN RESIDENTIAL AREAS

王贵美　章文杰　主编
陈旭伟　主审

中国建筑工业出版社

图书在版编目（CIP）数据

城镇老旧小区改造技术指南 = TECHNICAL
GUIDELINES FOR RENOVATION OF OLD URBAN RESIDENTIAL
AREAS / 王贵美，章文杰主编. —北京：中国建筑工业
出版社，2021.12

（老旧小区改造理论与实践系列丛书）

ISBN 978-7-112-26979-2

Ⅰ. ①城… Ⅱ. ①王… ②章… Ⅲ. ①城镇—居住区
—旧房改造—指南 Ⅳ. ①TU984.12-62

中国版本图书馆CIP数据核字（2021）第263768号

本书聚焦老旧小区改造的重点、难点、焦点问题，进行深入的研究和探讨。力求本书既有理论高度，又贴近实际应用。就如何实现老旧小区改造现代化、精细化、法治化、科技化，提升服务群众的能力等问题提出了建设性的观点及实施建议。

责任编辑：朱晓瑜
责任校对：刘梦然

老旧小区改造理论与实践系列丛书
城镇老旧小区改造技术指南
TECHNICAL GUIDELINES FOR RENOVATION OF OLD URBAN RESIDENTIAL AREAS
王贵美　章文杰　主编
　　　　陈旭伟　主审
*
中国建筑工业出版社出版、发行（北京海淀三里河路9号）
各地新华书店、建筑书店经销
北京建筑工业印刷厂制版
北京市密东印刷有限公司印刷
*
开本：787毫米×1092毫米　1/16　印张：18½　字数：349千字
2022年7月第一版　　2022年7月第一次印刷
定价：**78.00**元
ISBN 978-7-112-26979-2
（38781）

本书编委会

主　　编：王贵美　章文杰

主　　审：陈旭伟

副 主 编：王光辉　胡　汉　姚元伟　王伟星

参编人员：杨伦锋　吴　昕　吴俊华　黄　媚

　　　　　夏冰洁　虞革新　郎於豪　童文华

　　　　　李耀华　王胡文　王　黎　赵昊磊

　　　　　王　健　方　韬　李　笋　龚黎黎

　　　　　斯　磊　沈婷婷　沈龙富　祝桂海

| 前 言 |

　　我国自改革开放以来经济飞速发展，城市化水平也不断提升，从低于发展中国家平均水平，发展到目前已经远远超于发展中国家的平均水平。城市化水平从1978年的17.9%，上升至2012年的52.6%，而到了2020年，我国城市化水平达到63.89%，目前我国城市数量已达687个。从统计数据来看，我国城市化水平平均每年增长超过1个百分点，如果按照我国14亿人口的总量来计算，我国每年有将近1400万的农村人口转为城市人口，城市得以高速发展和扩张。大片的经济开发区、高铁新城、回迁安置房等相继建设，动辄成百上千亩的连片开发，区域环境面貌和经济水平都发生了翻天覆地的变化，现代化的气息扑面而来。然而，快速的城市化发展却加剧了"大城市病"凸显，交通拥堵，房价飞涨，城市肌理遭到破坏，生态和城市环境问题严峻。城市的增量时代日趋萎缩，有着不可持续发展性。原来的中心城区或老城区因人口长期集聚、产业形态落后、基础设施老化等多方面原因而显得有些破败。随着我国经济的发展，居民生活水平的日益提高，中心城区的老旧小区已经越来越不适应居民的生活要求，城市建设需要探索新的建设发展模式，系统全面地解决城市在新时代面临的问题。

　　在2015年中央城市工作会议上，习近平总书记就提出要加快老旧小区改造，此后，又多次强调了要做好老旧小区改造，尤其是要加快补齐老旧小区在社区服务、卫生防疫等方面的短板。作为重要的民生工程，老旧小区改造刻不容缓。加强老旧小区基础设施的建设，为人们提供一个更好的生活环境，不但保证了国家经济建设的成果，同时还推动了城市社会的建设进程。

城镇老旧小区改造是发展工程。据各地初步摸查，目前全国需改造的城镇老旧小区涉及居民上亿人，量大面广，情况各异，任务繁重。而这一改造工作既能推动建筑装修、物业管理、社区服务等产业的发展，又能拉动有效投资，促进就业，扩大内需，带动居民消费，有利于做好"六稳"工作，落实"六保"任务，服务以国内大循环为主题、国内国际双循环相互促进的新发展格局。

城镇老旧小区改造还是建筑工程、社会工程、治理工程，对满足人民群众美好生活需要、推动惠民生扩内需、推动城市更新和开发建设方式转型、促进经济高质量发展具有十分重要的意义。城市更新是永续不断的过程。开展城镇老旧小区改造，不断加快城市有机更新，构建完整居住社区，从传统粗放扩张型转变为内涵提质型的城市发展模式，重塑城市基因，促进城市集约和绿色可持续发展，坚定不移贯彻创新、协调、绿色、开放、共享的新发展理念，步入以人为本、反映新时代要求、补齐居住社区建设短板、传承历史文化文脉等综合层面的发展阶段，实现经济行稳致远、社会安定和谐，是顺应时代潮流的体现。

本书聚焦老旧小区改造的重点、难点、焦点问题，进行深入研究和探讨，力求既有理论高度，又贴近实际应用，特别就如何实现老旧小区改造现代化、精细化、法治化、科技化，提升服务群众的能力等问题提出了建设性的观点及实施建议。在此衷心感谢在本书研讨、论证、审稿过程中给予大力支持和提出宝贵意见的各级领导、专家和学者们。城镇老旧小区改造工程在不断完善，限于编者水平有限、时间匆忙，书中难免疏漏，望广大读者朋友多提宝贵意见。

目　录

第一章

绪　论

党的十九大指出："中国特色社会主义进入新时代，我国社会主要矛盾已经转化为人民日益增长的美好生活需要和不平衡不充分的发展之间的矛盾。"党中央以加快国家治理能力和治理体系现代化为抓手，国家发展战略逐渐从"以经济建设为中心"向"以改善民生为重点"转变。

为更好地推进老旧小区改造，2017年住房和城乡建设部发布《住房城乡建设部关于推进老旧小区改造试点工作的通知》（建城函〔2017〕322号），决定在秦皇岛、张家口等15个城市开展老旧小区改造试点工作，探索城镇老旧小区改造新模式，为推进全国老旧小区改造提供可复制可推广的经验。2019年，住房和城乡建设部联合国家发展改革委、财政部发布《关于做好2019年老旧小区改造工作的通知》（建办城函〔2019〕243号）的通知，明确老旧小区认定标准为城市、县城（城关镇）建成于2000年以前，公共设施落后、影响居民基本生活、居民改造意愿强烈的住宅小区。2020年，国务院办公厅正式发布《关于全面推进城镇老旧小区改造工作的指导意见》（国办发〔2020〕23号），要求按照党中央、国务院决策部署，全面推进城镇老旧小区改造工作，满足人民群众美好生活需要，推动惠民生扩内需，推进城市更新和开发建设方式转型，促进经济高质量发展。同年8月26日，《关于开展城市居住社区建设补短板行动的意见》发布，文件指出当前居住社区存在规模不合理、设施不完善、公共活动空间不足、物业管理覆盖面不高、管理机制不健全等突出问题，与人民日益增长的美好生活需要还有较大差距，提出了"完整居住社区"概念和《完整居住社区建设标准（试行）》，对每项建设内容都提出了要求与规范。完整居住社区是为群众日常生活提供基本服务和设施的生活单元，也是社区治理的基本单元，而城镇老旧小区改造是构建完整居住社区的必经之路，同时构建完整居住社区也是致力于城镇老旧小区改造的要求，两者是相辅相成、相互促进的整体。

应认真贯彻党中央、国务院有关工作部署，按照国办发〔2020〕23号文的工作目标，从六个方面入手积极稳妥推进城镇老旧小区各项改造工作。

一是坚持居民主体。构建了"居民主体、政府引导、社会参与"的改造模式，坚持"旧改要改到群众心坎上"。实行两个"双三分之二"条件，确保居民参与权，即居民同意改造率符合《物权法》规定的"双三分之二"条件，且居民对改造方案的认可率达2/3，形成"自下而上"的项目生成机制，由居民决定"改不改"；明确83个基础改造项和48个改造提升项，视小区实际和居民意愿量身定制改造内容；搭建更多会商合议平台，设计师全程驻点，多层次广泛倾听民意；改造完成后，将居民满意度作为绩效评价的重要内容，确保改造工作真正顺应居民的期盼。

二是坚持综合施改。成立全市城镇老旧小区综合改造提升领导小组，由分管副市长担任组长，50余个市级职能部门和区县市作为成员，建立"市级统筹、区级负责、街道实施"的推进机制，解决各方协同难的问题。坚持以城镇老旧小区改造为统领，通过计划衔接、方案联审等方式统筹协调多个部门，将停车泊位、线路管网、加装电梯、养老托幼、安防消防、长效管理等内容通盘纳入提升计划，把多项改造内容一次性实施到位，努力实现"综合改一次"，有效破解组织方式简单化、改造内容碎片化的问题。

三是坚持功能至上。重点突出社区公共服务水平的提升，满足小区居民对养老助餐、托幼教育、公共休闲、卫生防疫、无障碍设施等需求，注重延续小区的历史文化记忆，保持小区整体风貌和谐，做到既增加设施，又提升环境。

四是坚持区域统筹。树立"小区短板城市来补"的理念，结合未来社区九大场景，创新"片区统筹"的改造新模式，通过向小区及周边地区联动改造、社区公共空间协同开发等模式，打开楼栋围墙和小区围墙，实现周边服务设施、公共空间、公共资源的共建共享，打造集衣、食、行、医、养、文为一体的城镇老旧小区"15分钟"居家服务圈。

五是坚持资源整合。加强既有用地集约综合利用，加大对城镇老旧小区内及周边碎片化土地的整合，对小区内空地、荒地、绿地及违法建筑等存量土地进行设计优化，腾挪置换空间用于公共服务；鼓励行政事业单位、国有企业将城镇老旧小区内或附近的存量房屋提供给所在街道、社区用于养老托幼、医疗卫生等配套服务。

六是坚持工程管控。建立工程安全、质量、进度、成本一体化的管控机制，随着城镇老旧小区改造的新材料、新工艺、新技术等的涌现，也呈现出工程更为复杂、功能更复合、技术更精湛的发展趋势，这就促使了生产技术水平的提高，对技术管理的要求也相应提高，从而使得工程实施过程中的工程管控更为关键。

七是坚持建管同步。结合改造工作同步建立健全基层党组织，发挥党组织在小区治理中的引领作用，形成"党建引领，业委会、物业、居民三方协同"的基层治理模式；引导居民协商确定改造后小区的管理模式、管理规约及业主议事规则，提升自治管理水平；探索物业区域性管理模式，引进专业物业管理公司，实现改造成效的长久保持。

随着2019年城镇老旧小区改造初始至今，已经取得了阶段性的成果，各类举措、机制、路径逐渐完善，各类新材料、新工艺也相继推出，居民各项需求也逐步被完善。本书通过5个方面重点阐述老旧小区改造的相关内容：① 城镇老旧小区项目实施路径；② 城镇老旧小区改造内容；③ 城镇老旧小区安全文明管控；

④ 城镇老旧小区长效管理；⑤ 城镇老旧小区优选案例。

本书课题组通过多种形式调研老旧小区改造工作，力求观点客观、阐述详实。采用文献资料引证法，利用网络和文本资源，检索老旧小区改造和未来社区建设相关资料，系统梳理城市、社区发展的相关理论研究成果，为老旧小区改造探索提供有力借鉴。问卷分析法，采取"问计于民、问需于民"的交互式研究方式，系统摸排杭州老旧小区存在的问题和民意需求，并进行翔实的数据分析，以把握老旧小区内涵特征。实地调研，通过对在建项目开展实地调研，全面梳理社区居民的迫切诉求，以及老旧小区改造推进中的重难点问题。开展专题研讨会和座谈会，就老旧小区焦点问题进行深入交流；结合EPC项目实地建设，参与本书撰写的有行业专家、学者以及参与老旧小区改造的一线设计师、项目管理人员。通过自身不同专业角度的研究，汇集不同视角，通过同步实施、同步研究、同步创新、同步探索、同步实践，构建了不断探索、不断实践的立体反馈研究框架，建立了相互促进、不断提升的有效机制。

泛城设计股份有限公司作为城镇老旧小区改造的先行、先试单位，在众多理论研究、工程实践中积累了一定的先进经验，借本书发行的契机，希望做出力所能及的一些贡献。

城镇老旧小区改造实施路径

国务院办公厅印发的《关于全面推进城镇老旧小区改造工作的指导意见》(以下简称《意见》)指出:"建立改造项目推进机制。区县人民政府要明确项目实施主体,健全项目管理机制,推进项目有序实施。积极推动设计师、工程师进社区,辅导居民有效参与改造。为专业经营单位的工程实施提供支持便利,禁止收取不合理费用。鼓励选用经济适用、绿色环保的技术、工艺、材料、产品。改造项目涉及历史文化街区、历史建筑的,应严格落实相关保护修缮要求。落实施工安全和工程质量责任,组织做好工程验收移交,杜绝安全隐患。充分发挥社会监督作用,畅通投诉举报渠道。结合城镇老旧小区改造,同步开展绿色社区创建。"

一、明确项目实施主体

根据《意见》,要求"区县人民政府要明确项目实施主体"。老旧小区改造中常见的实施主体一般为改造的老旧小区属地街道、住房和城乡建设部门等。将已实施项目运行情况对比得出街道作为实施主体推进工作最为顺利,街道的行政职能在改造时的民意调研、居民互动、社会力量参与、资金共担、多部门协调以及后续的长效运维等方面都具备优势。

二、组织成立专班

建立逐级上报机制,现场工作小组、社区街道专班、区级专班、市级专班依次定时、定点上报,突出反映改造过程中的特色亮点和困难问题(图2-1)。充分发挥新闻媒体作用,有重点、有计划、分步骤地对改造项目开展宣传,赢得市民群众的理解、支持和配合,共同营造良好的氛围。

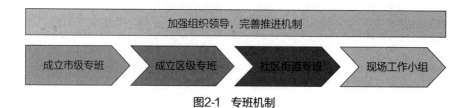

图2-1 专班机制

三、形成"一班五组"

由区委区政府牵头,结合街道、社区、总包单位等实施部门建立日常工作机制,成立"一班五组"专项领导班子办公室(图2-2)。建立层级分明、责任明确的工作流程。在政策指导、项目推进、招标保障、宣传信息、矛盾调解等方面全面协调完成。

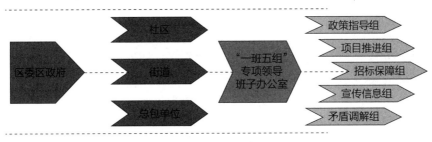

图2-2 一班五组

四、引导各方共同缔造

引导产权单位、社会企业、专业机构、政府部门、小区居民、设备设施产权单位等各方参与决策共谋、发展共建、建设共管、效果共评、成果共享等各方共同缔造的项目推进机制。政府整合社会设计力量，邀请各大设计院有经验的设计师组成老旧小区方案评审专家团，指导方案设计推进。居民通过成立质量委员会和安全委员会直接参与旧改工作，起到一定的监督作用（图2-3）。

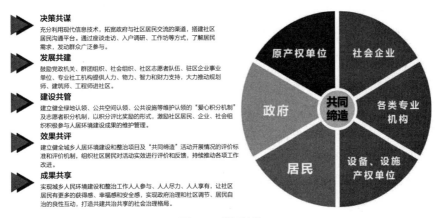

图2-3 共同缔造

五、引进多元资本参与

按照"谁受益、谁出资"原则，积极推动居民出资参与改造，可通过直接出资、使用（补建、续筹）住宅专项维修资金、让渡小区公共收益等方式落实（图2-4）。研究住宅专项维修资金用于城镇老旧小区改造的办法。支持小区居民提取住房公积金，用于加装电梯等自住住房改造。鼓励居民通过捐资捐物、投工投劳等支持改造。鼓励有需要的居民结合小区改造进行户内改造或装饰装修、家电更新。

（1）居民自筹：老旧小区改造，最终受益的是居民，改善了居民居住环境，提高了居民生活品质，按照"谁受益、谁出资"的原则，正确引导居民、产权单位积极主动地参与小区改造提升，多方筹集资金。如杭州市老旧小区改造中的既有住宅加装电梯，市区财政分别补贴20万元，剩余资金全部由居民自行承担。

（2）政府支持：政府、居民、产权单位应根据实际情况，按照"政府补贴、居民主导、产权单位分担"的原则，实行责任分担。对于涉及小区内外市政配套设施、小区公共服务配套设施等的改造，应由政府出资。

（3）水、电、气、通信等单位：杭州市成立了市地下管道开发公司，在老旧小区改造中，由市地下管道开发公司统一对老旧小区内的通信地下管网进行"统一设计、统一施工、统一协调"，实行"三网合一"，既解决了不同通信运营商之间协调难的问题，又有效地分摊了改造资金压力问题。

（4）产权单位：老旧小区内涉及的产权单位较多，在老旧小区改造中，部分产权单位可以采取相应补贴的形式增加资金筹措渠道，以弥补政府单方投资压力过大。杭州市对于老旧小区改造中垃圾分类、无障碍设施、体育健身器材、社区阳光老人家等涉及的相关对口单位分别给予相应的补贴。

（5）社会力量：引入城市服务商概念，引入社会资本参与城市基础设施等事业投资和运营，以利益共享和风险共担为特征，发挥双方优势，提高公共产品或服务的质量和供给效率。

（6）其他金融产品和服务：与政策性银行、商业银行、证券公司等金融机构对接，以申请贷款、资产证券化等方式募集老旧小区改造的资金。

（7）老旧小区改造专项债：主要支持与小区直接相关的道路和公共交通、通信、供电、给水排水、供气、停车库（场）等城镇基础设施，以及公共服务设施建设。

图2-4　资金共担机制

六、统筹片区资源共享

城镇老旧小区改造充分利用区域的优势资源，全面盘活老旧小区的存量资源，合理拓展改造实施单元，推进相邻小区及周边地区联动改造和资源共享，推进既有用地集约混合利用和各类公有房屋统筹使用。涉及利用闲置用房等存量房屋建设各类公共服务设施的，可在一定年期内暂不办理变更用地主体和土地使用性质的手续。增设服务设施需要办理不动产登记的，不动产登记机构应依法积极予以办理（图2-5）。

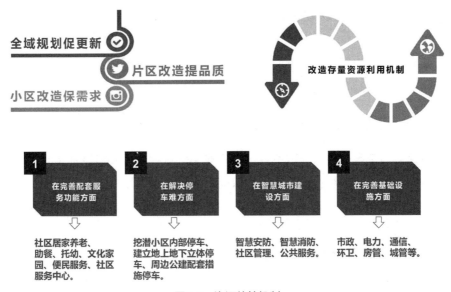

图2-5 资源统筹机制

七、合力推进项目实施

城镇老旧小区改造要求以"居民"为中心，坚持以人为本，从人民群众最关心最直接最现实的问题出发，征求居民意见，顺应群众期盼。因此，在改造方案设计环节就应带动居民参与进来，合理确定改造内容。

（一）"四问四权"实现居民参与

1. 问情于民，"改不改"让百姓定

深入群众，落实群众知情权，收集居民对于社区基础设施、无障碍设施、生活需要等方面的改造意见，理清改造思路，深入了解亟待改造的城镇老旧小区的实际情况和居民的生活状况。

2. 问需于民，"改什么"让百姓选

理清小区存在的问题，以构建完整居住社区为方向，设计改造方案，同时落实群众表决权，切实抓准、了解居民的需求动向和改造具体目标，不断调整完善实施方案，增强改造的可实施性、切合性、统筹性。

3. 问计于民，"怎么改"让百姓提

深化设计，落实群众监督权，听取居民对于改造的意见，进一步推动群众的事群众办、大家的事大家商量着办，注重堵漏洞、补短板、谋共建，真抓实干，以遵循居民做出的选择为准完善细化方案。

4. 问效于民，"改得好不好"让百姓评

接受居民的监督并听取居民意见和建议，对改造做法及时加以改进和优化，落实群众评价权，把群众满不满意作为工作的标准，做深做细做实改造工作，始终围绕"让居民满意"这个目标。

（二）"三上三下"贯穿设计全程

城镇老旧小区改造进行方案设计前应对小区进行实地调研勘查及问题收集，调取小区城建档案资料，出具小区建筑面积测绘报告，了解直接相关的小区基础设施配置状况、消防与安全隐患、小区物业管理服务、人员规模和结构等，掌握小区基本情况。

1. 一上汇总居民需求，一下形成问题清单

居民长期生活在小区中，对小区的了解极为深刻，同时，居民也是城镇老旧小区改造工作的直接体验者和最大受益者。因此，要收集居民的改造意愿和改造诉求，形成小区"体检表"，即摸底调查报告，找出小区存在的问题，总结其亟待改造的内容。

2. 二上编制初步方案，二下现场征集意见

由居民勾选小区改造内容，充分发挥居民的主体作用，激发居民的创造活力，尊重居民的"主人翁"地位，让居民以"参与者"而不是"旁观者"的角色看待城镇老旧小区改造，在此基础上安排改造实施项目、设计改造方案，为城镇老旧小区改造获得居民参与度、认可度、满意度提供保障。

3. 三上组织专家联审，三下形成实施方案

结合摸底情况和各地财政承受能力，对照城市规划，遵循"基础类应改尽改，完善类和提升类能改则改"的原则，邀请居民协商代表参与方案讨论制定，针对居民意见和小区所存在的问题进行设计，多方会商讨论修改、共同谋划形成设计方案，组织各方专家对方案进行审查，形成修改意见，结合修改意见形成最

终实施方案。

（三）"全程把控"推进项目实施

把好老旧小区改造项目的审批关是顺利完成老旧小区改造工作的前提，包括项目计划的审批、设计方案的审批、投资造价的审批、项目招标投标的审批、项目施工的审批、项目决算的审批等多个环节，每个审批环节需要建立严格的审批流程，做到既能严格把关，又不影响项目开展，结合网络信息化的运用，高效开展工作（图2-6）。

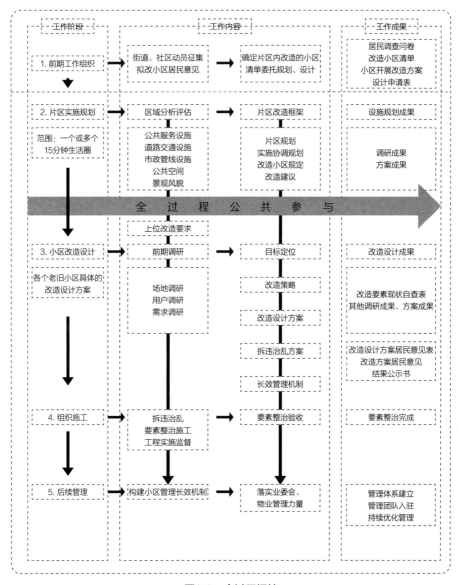

图2-6 全过程把控

城镇老旧小区改造具体内容

城镇老旧小区改造内容分为基础类、完善类和提升类三类，要借鉴未来社区理念和新发展理念，重点改造完善小区配套和市政基础设施，提升社区养老、托育、医疗等公共服务水平，改善居民居住条件，提高环境品质，切实做到为人民群众办实事、做好事、解难事。

第一节 基础类改造

城镇老旧小区基础项改造主要为满足居民的两大类需求，即满足居民的安全性需求和满足居民的基本生活需求（表3-1）。

基础类改造内容 表3-1

居民安全				生活保障			
消防安全	消防通道	道路规划要求	消防通道净高	房屋修缮	屋顶防雷		接闪线
			消防通道净宽				引下线
			消防道路转弯半径				接地装置
			消防通道与单元入口距离要求		屋顶修缮		卷材与涂膜防水屋面
			回车场地				刚性防水屋面
		道路要求	道路做法			坡屋面	钢屋面
			标识标线				木屋面
	消火栓		室外消火栓		外墙		清水外墙
			室内消火栓				抹灰外墙
	楼道消防		灭火器				面砖与板材外墙
			应急指示灯		保温		外墙保温
			应急照明				屋面保温
			堆积物		楼道		楼地面
	非机动车库	室内	报警系统				墙面抹灰及饰面层
			照明与疏散指示				室内楼梯、扶手、栏杆
			灭火		地下室		破损
		室外	灭火				渗漏
生活安全	安防		周界				排水
			出入口		加固		混凝土
			内部公共区域				砌体
			门禁系统	市政配套			供水
			电梯楼道监控				排水
			家庭安全防范				强电
			智慧互联				弱电
	避灾避险		避灾指示				供气
			避灾场所				供热
建筑安全			房屋安全鉴定				生活垃圾分类
			结构加固				

一、居民安全类

城镇老旧小区的居民安全是最迫切需要解决的问题，主要涉及危及居民生命安全和财产安全的相关内容。主要包括：消防安全改造、安全防护改造、防灾避险改造、结构安全改造。

（一）消防安全改造

城镇老旧小区改造中"消防安全"一直是重中之重。消防安全问题一直是老旧小区的"顽疾"。"缺乏消防设施、侵占消防场地、消防通道堵塞"已成为老旧小区消防安全隐患的标签。尤其是近年来，老旧小区火灾事故频发，老龄化社区的消防安全设施长期处于瘫痪状态。

消防安全改造主要包括以下几项：消防通道改造、消火栓修缮、楼道消防改造、非机动车库（棚）消防改造。

1. 消防通道改造

（1）消防道路相关的规范要求[1]

1）消防道路净高要求：消防通道的净高不应低于4.0m。

2）消防道路净宽要求：消防通道的净宽不应小于4.0m，老旧小区确有困难的不应小于3.5m。

3）消防道路转弯半径要求：普通消防车转弯半径不小于9m，高层建筑登高消防车的转弯半径不小于12m。

4）环形消防道路应与两条城市道路相连。

5）尽头式消防车道应设置回车道或回车场，回车场的面积不应小于12m×12m；对于高层建筑，不宜小于15m×15m；供重型消防车使用时，不宜小于18m×18m。

（2）城镇老旧小区改造中常见的消防通道问题与改造做法

1）常见问题：在消防通道的净高和净宽范围内，有突出的树干、枝丫、雨棚、空调机架、私搭乱建等占用、堵塞消防通道，影响消防车通行的障碍物。

改造做法：在消防通道的净高和净宽范围内，对影响消防车通行的树干、枝丫进行修剪，移除墙面障碍物，清除消防通道上的私搭乱建，确保"生命通道"畅通，详见图3-1～图3-5。

---

[1] 中华人民共和国国家标准. 建筑设计防火规范 GB 50016—2014（2018年版）[S]. 北京：中国计划出版社，2014.

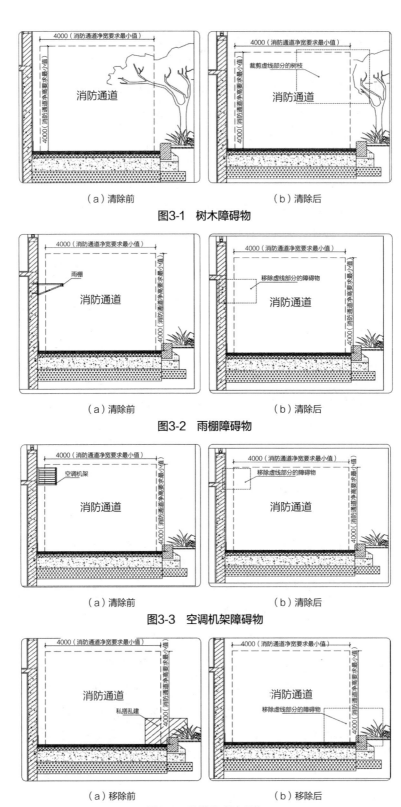

（a）清除前 　　　　　　（b）清除后

图3-1　树木障碍物

（a）清除前 　　　　　　（b）清除后

图3-2　雨棚障碍物

（a）清除前 　　　　　　（b）清除后

图3-3　空调机架障碍物

（a）移除前 　　　　　　（b）移除后

图3-4　私搭乱建障碍物

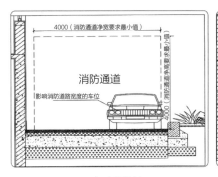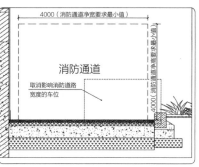

（a）移除前 （b）移除后

图3-5 汽车乱停障碍物

2）常见问题：道路转弯半径不满足消防车道转弯半径要求，影响通道的畅通（图3-6）。

改造做法：对道路转弯半径进行改造，使得转弯半径符合消防转弯半径的要求，使消防通道能够畅通（图3-7）。

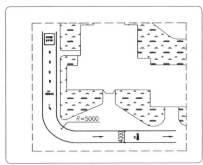

图3-6 道路转弯半径常见问题 图3-7 道路转弯半径改造做法

3）常见问题：消防车道与单元入口距离不满足规范要求。老旧小区常见多层住宅不满足消防通道与单元出入口的最大距离不能大于80m的消防扑救要求（图3-8）。

改造做法：对原有道路进行改造、增加，使得小区所有单元均能满足至消防道路小于80m的消防扑救要求（图3-9）。

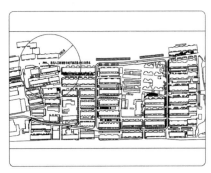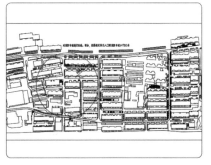

图3-8 消防车道与单元入口距离常见问题 图3-9 消防车道与单元入口距离改造做法

（3）消防道路改造做法

具体见图3-10、图3-11。

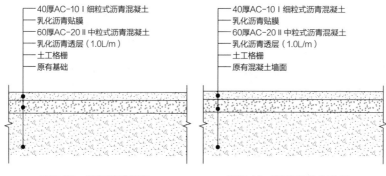

图3-10　消防道路修补　　　　图3-11　消防道路白改黑

（4）消防警示标线要求

根据《中华人民共和国消防法》《中华人民共和国道路交通安全法》和《道路交通标志和标线》GB 5768—2009相关规定，消防警示标线的要求如下：

1）在单位或者居民住宅区的消防车通道出入口路面，按照消防车通道净宽施划禁停标线，标线为黄色网状实线，外边框线宽20cm，内部网格线宽10cm，内部网格线与外边框夹角45°，标线中央位置沿行车方向标注内容为"消防车道　禁止占用"的警示字样（图3-12）。

2）在消防车通道路侧路缘石立面和顶面应当施划黄色禁止停车标线；无路缘石的道路应当在路面上施划禁止停车标线，标线为黄色单实线，距路面边缘30cm，线宽15cm。具体尺寸可根据现场情况调整（图3-12）。

3）消防车通道沿途每隔20m在路面中央施划黄色方框线，在方框内沿行车方向标注内容为"消防车道　禁止占用"的警示字样（图3-12）。

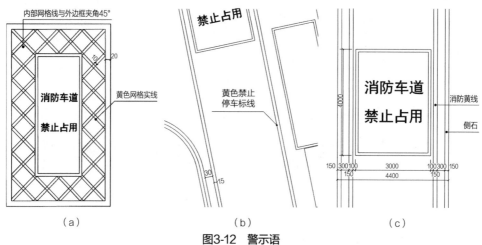

（a）　　　　　　　　　　（b）　　　　　　　　　　（c）

图3-12　警示语

4）在消防车通道两侧设置醒目的警示牌（图3-13），提示严禁占用消防车道，违者将承担相应法律责任等内容。

图3-13 警示牌

2. 消火栓修缮

城镇老旧小区常见的消火栓系统主要分为两种：室内消火栓和室外消火栓。

（1）室内消火栓

1）室内消火栓相关的规范要求

① 应配置公称直径65mm、有内衬里的消防水带，长度不宜超过25.0m；消防软管卷盘应配置内径不小于ϕ19的消防软管，其长度宜为30.0m；轻便水龙应配置公称直径25mm、有内衬里的消防水带，长度宜为30.0m。

② 宜配置当量喷嘴直径16mm或19mm的消防水枪，但当消火栓设计流量为2.5L/s时，宜配置当量喷嘴直径11mm或13mm的消防水枪；消防软管卷盘和轻便水龙应配置当量喷嘴直径6mm的消防水枪[1]。

2）室内消火栓常见问题与改造做法

常见问题：室内消火栓不出水。城镇老旧小区由于建造时生活用水和消防水来自同一管网，后期市政供水改造时将消防供水切断，导致很多小区室内消火栓不出水（图3-14）。

改造做法：在原有楼梯间休息平台增设干式消防竖管，在首层室外增设消防车供水接口，接口位置应设置在安全的地点并便于消防车接近（图3-15）。

图3-14 常见问题

图3-15 改造做法

---

① 中华人民共和国国家标准. 消防给水及消火栓系统技术规范 GB 50974—2014［S］. 北京：中国计划出版社，2014.

根据《消防给水及消火栓系统技术规范》GB 50974—2014要求，建筑高度不大于27m的住宅设置消火栓时，可采用干式消防竖管，并应符合下列规定：

① 干式消防竖管宜设置在楼梯间休息平台，且仅应配置消火栓栓口；

② 干式消防竖管应设置消防车供水接口（图3-16）；

③ 消防车供水接口应设置在首层便于消防车接近和安全的地点；

④ 竖管顶端应设置自动排气阀（图3-17）[1]。

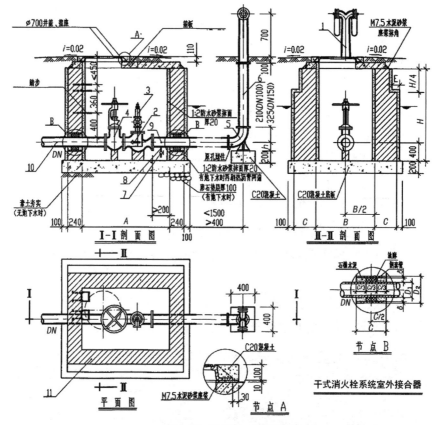

图3-16 增加供水接口

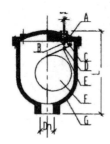

序号	名称	材料
A	阀盖	球铁
B	阀座	不锈钢
C	杆架	不锈钢
D	塞头	合成橡胶
E	杠杆	不锈钢
F	浮球	不锈钢
G	阀体	球铁

型 号	DN	D_2	外形尺寸AXBXL
ARSX-0013	锥管螺纹Rc1/2	1.6	101×86×127
ARSX-0020	锥管螺纹Rc3/4	1.6	101×86×127
ARSX-0025	锥管螺纹Rc1	1.6	101×86×127

图3-17 排气阀

---

[1] 中华人民共和国国家标准. 消防给水及消火栓系统技术规范 GB 50974—2014［S］. 北京：中国计划出版社，2014.

（2）室外消火栓

1）室外消火栓相关的规范要求

① 室外消火栓保护半径不应大于150m；

② 室外消火栓旁宜设置消防器材箱，内配消防水带、水枪和扳手。[①]

2）室外消火栓常见问题与改造做法

① 常见问题：消火栓覆盖不到所有建筑，不满足150m的覆盖范围，存在消防隐患（图3-18）。

改造做法：补齐消火栓，使其覆盖所有建筑，满足150m的覆盖范围，消除消防隐患（图3-19）。

② 常见问题：缺乏火灾救援设施，消火栓未配备救援器材，不利于消防救援（图3-20）。

改造做法：在室外消火栓旁设置消防器材箱，内配水枪、扳手、水带（图3-21）。

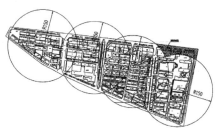

图3-18 室外消火栓改造常见问题一　　图3-19 改造做法一

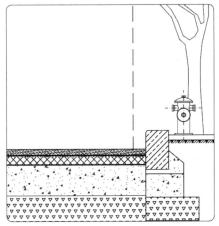

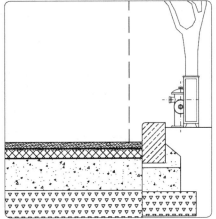

图3-20 室外消火栓改造常见问题二　　图3-21 改造做法二

---

① 中华人民共和国国家标准. 消防给水及消火栓系统技术规范 GB 50974—2014［S］. 北京：中国计划出版社，2014.

3. 楼道消防改造

（1）楼道灭火器

1）楼道灭火器的安装要求

① 在同一灭火器配置场所，宜选用相同类型和操作方法的灭火器。当同一灭火器配置场所存在不同火灾种类时，应选用通用型灭火器。

② 在同一灭火器配置场所，当选用两种或两种以上类型灭火器时，应采用灭火剂相容的灭火器。

③ 灭火器应设置在位置明显、便于取用且不影响安全疏散的地点。

④ 对有视线障碍的灭火器设置点，应设置指示其位置的发光标志。

⑤ 灭火器的摆放应稳固，其铭牌应朝外。手提式灭火器宜设置在灭火器箱内或挂钩、托架上，其顶部离地面高度不应大于1.50m；底部离地面高度不宜小于0.08m。灭火器箱不得上锁。

⑥ 灭火器不宜设置在潮湿或强腐蚀性的地点。当必须设置时，应有相应的保护措施[①]。

2）楼道灭火器常见的问题与改造做法

常见问题：消防设施配置不齐全，特别是楼道公共区域未配置消防灭火器，不利于火灾发生时居民第一时间自救（图3-22）。

改造做法：楼道公共区域配置消防灭火器，每隔一层设置两具3kg灭火器（图3-23）。

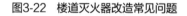

图3-22　楼道灭火器改造常见问题　　　　图3-23　改造做法

（2）楼道消防应急照明和疏散指示系统

1）消防应急照明和疏散指示系统的安装要求

消防应急照明和疏散指示系统按消防应急灯具有的控制方式可分为集中控制

---

① 中华人民共和国国家标准. 建筑灭火器配置设计规范 GB 50140—2005 ［S］. 北京：中国计划出版社，2005.

型系统和非集中控制型系统。系统类型的选择应根据建筑物的规模、使用性质、日常管理及维护难易程度等因素确定，并应符合下列规定：

①设置消防控制室的场所应选择集中控制型系统；

②设置火灾自动报警系统，但未设置消防控制室的场所宜选择集中控制型系统；

③其他场所可选择非集中控制系统。

系统应急启动后，在蓄电池电源供电时的持续工作时间应满足不少于0.5h[①]。

2）楼道消防应急照明和疏散指示系统常见问题与改造做法

常见问题：城镇老旧小区楼道内普遍未安装消防应急照明和疏散指示系统（图3-24）。

改造方法：设置消防应急照明和疏散指示系统，便于紧急情况下人员的应急疏散（图3-25）。

图3-24 楼道消防应急照明和疏散指示系统改造常见问题

图3-25 改造做法

（3）常见的楼道障碍物清理问题与改造做法

问题：老旧小区大部分楼道存在堆放杂物与生活垃圾的情况，影响安全疏散（图3-26）。

改造方法：对杂乱的楼道进行堆积物清除，保证楼道的疏散畅通（图3-27）。

4. 非机动车库（棚）消防改造

非机动车违规停放充电是城镇老旧小区重要的火灾起因之一。非机动车库不足和充电设施不完备导致小区内私拉飞线进行充电的现象严重，而有非机动车库的小区因缺乏消防监控、预警、救援等设施，导致发生火灾时得不到及时控制，居民的生命财产安全受到严重威胁。

---

① 中华人民共和国国家标准. 消防应急照明和疏散指示系统技术标准 GB 51309—2018［S］. 北京：中国计划出版社，2018.

图3-26　楼道障碍物改造常见问题

图3-27　改造做法

非机动车库消防改造主要涉及两类：室内设有集中充电设施的非机动车库、室外设有集中充电设施的非机动车棚。

（1）室内非机动车库消防改造

1）消防规范要求

室内设有集中充电设施的非机动车库内应设置自动灭火系统、自动报警系统、应急疏散指示和应急疏散照明系统。

2）消防问题与改造做法

常见问题：未设置自动报警系统（图3-28）。

改造做法：设置自动报警系统，一般在顶部安装烟雾感应报警器，有条件的应设置火灾报警联动系统（图3-29）。

图3-28　室内非机动车库消防改造常见问题一

图3-29　改造做法一

3）消防应急照明和疏散指示系统

常见问题：城镇老旧小区大部分室内设有集中充电设施的非机动车库内普遍未安装消防应急照明和疏散指示系统（图3-30）。

改造做法：设置应急照明和疏散指示系统，便于紧急情况下人员的应急疏散（图3-31）。

4）自动喷淋灭火系统

常见问题：未设置自动灭火系统（图3-32）。

改造做法：配置自动灭火系统（图3-33）。

图3-30 室内非机动车库消防改造常见问题二　　　图3-31 改造做法二

图3-32 室内非机动车库消防改造常见问题三　　　图3-33 改造做法三

（2）室外非机动车棚消防改造

1）消防规范要求

室外设有集中充电设施的非机动车棚内应配置灭火器。

2）消防问题与改造做法

常见问题：城镇老旧小区大部分室外设有集中充电设施的非机动车棚内未配置灭火器（图3-34）。

改造做法：室外设有集中充电设施的非机动车棚应配备灭火器（图3-35）。

图3-34 室外非机动车棚消防改造常见问题　　　图3-35 改造做法

（二）安防改造

安全防护与居民的生命安全、财产安全息息相关。由于城镇老旧小区建设时期建设标准较低等历史原因，安防设施普遍缺失，单元门禁安防功能形同虚设，视频监控不完善，人行道闸和人行匝道缺乏，居民的安全感不高。

安防改造主要包括以下几项：周界、出入口、公共区域、单元门禁、楼道及电梯、家庭安全防范和智慧互联。

1. 周界改造

（1）城镇老旧小区周界现状

城镇老旧小区部分为开放与半开放式小区，缺乏明确的小区边界与周边防护措施，有明确边界的小区也处于有界无防的状态之中，缺乏必要的安防设施。

（2）周界改造相关要求

1）视频监控的要求：可封闭的小区需要在外围安装定点摄像头，覆盖小区边界区域，形成视频防护墙；半封闭或开放式小区需在主要出入口加强视频监控，确保无死角、无盲区、全覆盖。

2）电子围墙的要求：有条件的小区，可在利用现有围墙、绿篱等原有设施的基础上加装附属式电子围栏。

（3）周界改造常见问题与改造做法

1）常见问题：小区周界外围未安装摄像头，缺少小区安全防护的设施，居民日常生活安全得不到保障（图3-36）。

改造做法：在小区周界外围安装监控摄像头，覆盖小区边界区域，进行有效监测，并与智慧安防系统管理平台实时连接（图3-37）。

图3-36　小区周界外围安全改造常见问题一　　　　图3-37　改造做法一

2）常见问题：小区周界未设置任何防护设施，缺少安全设施，居民日常生活安全得不到保障（图3-38）。

改造做法：在现有的围墙、绿篱等设施的基础上加装附属式电子围栏，并与智慧安防系统管理平台实时连接（图3-39）。

图3-38 小区周界外围安全改造常见问题二　　　图3-39 改造做法二

2. 出入口改造

（1）城镇老旧小区出入口现状

现有城镇老旧小区中，封闭式出入口基本已安装了监控、车闸等防护设施，但设施老旧，仅对车辆进行了基础的管控，对人员出入管控不足；而开放及半开放小区因出入口及通道多，虽布置了一定的监控摄像头，但依然存在覆盖不足、设备老旧、未形成网络等问题。

（2）出入口改造相关要求

1）人脸抓拍摄像机的要求：

人脸抓拍机系统的建设可通过两种方式实现：一种是新建人脸抓拍机，并接入视频专网；另一种是根据小区现有情况，对符合条件的小区，将现有（或新建/改建）人员出入管理系统的人脸抓拍机的抓拍数据接入视频专网。在主要出入口的人脸抓拍机需集成WiFi探针[1]。

2）车行道闸的要求：

车辆出入管理系统，应采用车牌识别摄像一体机对车辆进行有效管理，实时记录出入口通行车辆信息，通过车牌识别系统分析进出小区的内部车辆、外来车辆、黑名单车辆等信息并记录，同时可将前端数据接入上级指定平台管理。对于符合接入条件的小区，新建或改建的车辆出入口管理系统应能通过车辆识别抓拍机，将采集的车辆数据接入区县汇聚与智慧安防管理平台。

3）人行匝道的要求：

对可封闭的小区，应设置人行匝道，通过多种手段对小区居民、外来及来访人员进行验证。

---

[1] 绍兴市住房和城乡建设局. 绍兴市老旧小区综合改造提升技术导则［S］.

4）防疫测温的要求：

在有条件的情况下，在小区主要出入口及通道处设置防疫测温摄像头，便于快速搭建小区进行防疫防护措施。

（3）出入口改造常见问题与改造做法

1）常见问题：小区主要出入口未安装人脸抓拍摄像机，监控存在死角，安防系统存在漏洞（图3-40）。

改造做法：在主要出入口安装人脸抓拍摄像机，且接入视频专网与智慧安防系统管理平台实时连接（图3-41）。

图3-40　小区出入口改造常见问题一　　　　图3-41　改造做法一

2）常见问题：小区未设置车行道闸，未配置摄像一体机，小区进出车辆不能实时记录，安全防护不够严格（图3-42）。

改造做法：增设小区车行道闸，对小区车行道闸采用车牌识别摄像一体机，实时记录出入口通行车辆信息，将采集的车辆数据接入区县汇聚与智慧安防管理平台（图3-43）。

图3-42　小区出入口改造常见问题二　　　　图3-43　改造做法二

3）问题：小区主要出入口未设置人行匝道，无法认证及记录人员的出入，小区安全无法得到保证（图3-44）。

改造做法：设置人脸识别人行匝道，对小区居民、外来及来访人员进行验证，将采集的数据接入区县汇聚与智慧安防管理平台（图3-45）。

图3-44 小区出入口改造常见问题三　　　　　图3-45 改造做法三

4）常见问题：未设置测温监控摄像头，在疫情仍未完全结束的情况下不利于疫情管控，小区居民的健康得不到保障（图3-46）。

改造做法：为响应防控疫情的号召，在小区主要出入口及通道处设置测温摄像头，便于搭建小区进行防疫防控措施（图3-47）。

图3-46 小区出入口改造常见问题四　　　　　图3-47 改造做法四

3. 公共区域改造

（1）城镇老旧小区公共区域现状

1）仅在重点区域布置了安防监控设施，未达到无死角、无盲区、全覆盖的要求。

2）小区的机动车库、非机动车棚等区域缺乏防火防盗的监控及火灾报警设施。

3）随着时代的发展，城镇老旧小区缺少无形的网络防控。

（2）公共区域改造相关要求

1）公共区域改造内容及要求：

公共区域的改造内容由视频监控、巡更系统、防高空抛物三部分组成。

视频监控：在小区固定点位设置摄像头，满足小区内无死角、无盲区、全覆盖的要求；在重点的公共区域需设置监控机器，并集成WiFi探针系统。

巡更系统：物业或社区准物业应设置巡更系统，该系统应支持在线巡更点设置，完成巡更运动状态的实时监督和记录，并在出现突发情况时及时报警。

防高空抛物监控：高层老旧小区需设防高空抛物摄像头，十层以上的需设置上下两层照射。

2）非机动车库改造内容及要求：

非机动车库改造内容由视频监控、防火报警器两部分组成。一是在非机动车库内设置视频监控，起到防火防盗的作用；二是非机动车库需设置独立的火灾报警器，在有条件的小区内设置防火报警系统，并接入区域智慧安防网络中。

3）WiFi探针识别系统的要求：

在小区住宅楼等重点区域安装WiFi探针采集单元，获取并记录小区实时接入的联网设备MAC地址以及虚拟身份，将采集的MAC地址及虚拟身份等数据接入区县级智慧小区汇聚与管理平台管理。市级智慧小区汇聚与管理平台提供实时数据查询、历史数据查询、区域碰撞、轨迹分析等服务[①]。

（3）公共区域改造常见问题与改造做法

1）常见问题：小区公共区域监控摄像头过少，监控覆盖范围内存在监控死角，安防系统不够完善（图3-48）。

改造做法：在户外空间安装广角高清红外摄像机，完善整个小区内部公共空间的监控系统建设（图3-49）。

图3-48　公共区域改造常见问题一　　　　图3-49　改造做法一

2）常见问题：小区非机动车库内部未安装监控摄像头，居民的财产安全得不到保障（图3-50）。

改造做法：在非机动车库内部安装高清红外视频监控摄像机，起到防火防盗的作用（图3-51）。

① 绍兴市住房和城乡建设局. 绍兴市老旧小区综合改造提升技术导则［S］.

图3-50 公共区域改造常见问题二

图3-51 改造做法二

3）常见问题：小区的非机动车库未设置火灾报警设施，仅配置了灭火器，一旦发生火灾，居民无法及时发现并灭火（图3-52）。

改造做法：在小区的非机动车库内部设置独立的火灾报警器，并接入区域智慧安防网络中，保障居民的财产安全（图3-53）。

图3-52 公共区域改造常见问题三

图3-53 改造做法三

4）常见问题：小区住宅楼、配套公建等重点区域未设置网络防控设施，导致小区内部无法进一步防控（图3-54）。

改造做法：在小区住宅楼、配套公建等重点区域安装WiFi探针采集单元，将采集的MAC地址及虚拟身份等数据接入区县智慧小区汇聚与智慧安防管理平台（图3-55）。

图3-54 公共区域改造常见问题四

图3-55 改造做法四

4．单元门禁改造

（1）城镇老旧小区单元门禁现状

大部分城镇老旧小区单元门禁存在缺失或损坏的情况，具有老化、功能单一、故障率高等问题，并未起到实际作用。

（2）单元门禁改造相关要求

楼栋单元出入口应安装门禁系统，小区内出租屋入户门宜安装智能门禁设备。门禁系统应支持钥匙、IC卡、CPU卡、手机APP、蓝牙、人脸识别、指纹等多种开门方式，只有经过授权才能进入受控区域门组，权限合法则开门。

（3）单元门禁改造常见问题与改造做法

1）常见问题：

① 小区未安装单元门，单元门禁系统缺失，居民的生活安全得不到保障（图3-56）。

② 小区虽安装了单元门，但门禁系统破损，未得到及时修复或更换，居民的生活存在安全隐患（图3-57）。

图3-56 单元门禁改造常见问题一　　　图3-57 单元门禁改造常见问题二

2）改造做法：

① 安装人脸识别系统。在单元门上安装人脸识别门禁机，并与小区智慧管理平台相连接，确保居民家门进得安心、住得放心（图3-58）。

② 安装门禁卡系统。在单元门上安装IC卡、CPU卡进出的门禁机，将其与小区智慧管理平台连接，为居民提供便利和安全保障（图3-59）。

③ 设置指纹识别门禁系统。在单元门上安装指纹识别门禁机，并连接小区智慧安防管理平台，对居民生活安全予以保障（图3-60）。

④ 增设手机APP程序系统。在单元门上安装智能门禁系统，居民下载使用特定APP即可，在为居民提供便利的同时，也降低了小区的管理成本（图3-61）。

图3-58 安装人脸识别系统

图3-59 安装门禁卡系统

图3-60 设置指纹识别门禁系统

图3-61 增设手机APP程序系统

5. 电梯、楼道改造

（1）城镇老旧小区电梯、楼道现状

现有城镇老旧小区中，以多层为主的小区普遍缺少针对单元入口的安防监控措施，而以高层为主的老旧小区，虽有一定的安防设施布置，但也存在着点位不合理、清晰度不足、监控范围小等问题。

（2）电梯、楼道改造相关要求

1）多层住宅改造的要求：在小区内设置可以覆盖单元入口区域的定点监控，达到无死角的要求。

2）高层住宅改造的要求：一是在单元入口设置覆盖该区域的视频监控，满足全覆盖、无盲区、无死角的要求；二是在楼道公共区域和电梯中设置半球摄像头；三是在电梯内设置紧急呼叫按钮，并安排安保人员留守，以便及时施救。

（3）电梯、楼道改造常见问题与改造做法

1）常见问题：小区单元门入口等区域监控摄像头布点不完善，未达到全覆盖、无盲区、无死角的要求（图3-62）。

改造做法：在小区单元门入口区域增加监控摄像头，确保小区绝对安全（图3-63）。

图3-62　单元门入口改造常见问题　　　　图3-63　改造做法

2）常见问题：高层住宅缺少防高空抛物摄像头，无法保障居民日常生活安全（图3-64）。

改造做法：高层住宅增设防高空抛物监控摄像头，保证小区居民的生命安全（图3-65）。

图3-64　高层住宅改造常见问题　　　　图3-65　改造做法

3）常见问题：在公共楼道未安装摄像头，监控存在死角，居民的生活安全存在隐患（图3-66）。

改造做法：在公共楼道内设置监控摄像头，并与小区智慧安防管理平台连接，做到实时传输、实时记录（图3-67）。

图3-66　公共楼道改造常见问题　　　　图3-67　改造做法

4）常见问题：小区电梯内监控破损，无法正常使用，小区居民的生命安全得不到保障（图3-68）。

改造做法：修复电梯内监控摄像头，保证覆盖整个电梯，并与小区智慧安防管理平台相连接，实现实时传输和记录（图3-69）。

图3-68　小区电梯内改造常见问题一　　　　　图3-69　改造做法一

5）常见问题：在公共走廊区域未设置监控摄像头，监控存在死角，安全监控存在漏洞（图3-70）。

改造做法：在公共走廊区域内设置广角视频监控摄像机，并与小区智慧安防系统管理平台实时连接（图3-71）。

 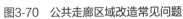 

图3-70　公共走廊区域改造常见问题　　　　　图3-71　改造做法

6）常见问题：小区电梯内的紧急呼叫按钮损坏，无法正常使用。发生意外时，居民不能及时得到帮助（图3-72）。

改造做法：修复紧急呼叫按钮，定时检测是否能够正常使用（图3-73）。

图3-72　小区电梯内改造常见问题二　　　　　图3-73　改造做法二

6. 家庭安全防范改造

（1）城镇老旧小区家庭安全防范现状

随着人们对家庭安全防范的重视和家庭自主安装监控摄像头的增加，填补家庭安全防范相关方面的空白将成为城镇老旧小区家庭防控不可缺少的一部分。

（2）家庭安全防范改造相关要求

1）家庭监控的要求：有条件的小区，对有老人、残疾人并安装了监控的家庭可纳入小区的智慧平台之中，以便及时发现问题，及时予以施救。

2）应急呼叫的要求：有条件的小区，对有老人、残疾人的家庭宜安装一键求救设施，并接入社区智慧管理平台。

（3）家庭安全防范改造常见问题与改造做法

1）常见问题：小区内有老人或残疾人的家庭未安装家庭监控，如遇突发情况时，老人及残疾人无法在第一时间得到帮助（图3-74）。

改造做法：安装家庭监控，并纳入小区智慧安防管理平台中，以便及时发现，及时施救（图3-75）。

图3-74 家庭安全防范改造常见问题一

图3-75 改造做法一

2）常见问题：小区家庭内部未安装一键求救系统，如发生意外时，无法确保居民的安全（图3-76）。

改造做法：在小区有老人及行为障碍的家庭中安装一键求救设施，并连接社区智慧管理平台（图3-77）。

图3-76 家庭安全防范改造常见问题二

图3-77 改造做法二

7. 智慧互联改造

（1）城镇老旧小区智慧互联现状

城镇老旧小区的硬件设备多为独立运行、设备简陋，网络功能大多还停留在各个小区各自的局域网络中，并未形成统一互联的智慧平台，大多是以视频资料留存为主的老式储存方式。而对城镇老旧小区进行智慧互联改造是顺应现代信息科技进步发展和智慧城市建设的体现，要以互联网、物联网、智慧城市公共信息平台和自身实际信息系统等为依托，提升基础设施和公共服务的智能化水平，为居民提供便利化、高效化、精准化、多元化的服务，满足居民需求，促进社区的健康可持续发展。

（2）智慧互联改造相关要求[①]

1）安防管理的要求：

应配置接收、显示、记录、控制、管理等硬件设备和操作管理软件，部署小区管理平台，对小区内安全防范设备统一管理、统一存储。

2）系统联网的要求：

① 互联网/专网：小区内安全防范设备应接入小区管理平台，实现统一设备管理、统一存储管理。平台宜通过VPN专网、电子政务网、社会面接入网等专网将小区数据推送至公安视频专网内，通过互联网进行数据推送。并且应按照《信息安全技术信息系统安全等级保护基本要求》和《互联网安全保护技术措施规定》要求，通过配备必要的网络安全设备，采取必要的网络安全措施，在确保系统自身安全和数据安全的前提下，将数据推送至区县级小区智慧安防小区管理平台。门禁系统、车辆出入口管理系统等，可按照子系统模块与上级单位指定平台实现数据推送。

② 公安内网：在公安网内，市级应建设小区应用平台，实现智慧安防小区人员管控、智慧防控等应用，并与上级平台互联；区县应建设本级智慧安防小区应用平台，支持本区县智慧安防小区防控工作。

3）安防平台的要求：

有条件的小区应建设小区管理平台（图3-78），各区县公安分局应建设区县公安汇聚与管理平台和应用平台，市级公安局应建设市级公安汇聚与管理平台和应用平台；各区县综合信息指挥中心应建设区县综合治理汇聚与管理平台和应用平台，市级政法委或综合信息指挥中心应建设市级智慧安防小区综合治理汇聚与管理平台和应用平台。

---

① 绍兴市住房和城乡建设局. 绍兴市老旧小区综合改造提升技术导则［S］.

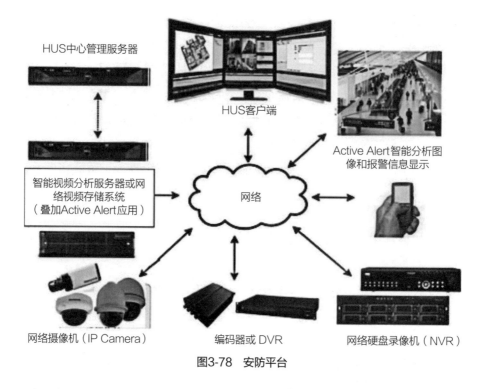

图3-78　安防平台

（三）防灾避险改造

1. 避震疏散场所改造

（1）城镇老旧小区防灾避险现状

随着社区功能的逐步完善，现有城镇老旧小区也设置了一定的防灾避险临时安置场所，但由于小区本身状况的局限性，存在场地不足、违章占据等情况。

（2）防灾避险改造相关要求

城镇老旧小区防灾避险改造主要包括避震疏散场所和防灾安置场所。

1）避震疏散场所的要求：在城镇老旧小区改造中，应根据抗震避灾的需求，充分利用小区范围内的广场、公园等区域，开辟防灾应急场所。

2）防灾安置场所的要求：为应对小区内灾害后人员安置的问题，可适当对小区的配套建筑及设施进行功能预留。

（3）防灾避险改造做法

1）设置指示牌。根据应对抗震避灾的需求，需在道路上设置应急避难场所指示牌，以便居民快速、有序地脱离受灾区域（图3-79）。

2）保证避难场所的空旷。应急避难场所可选在公园、绿地、广场等开敞区域，如有违章违建必须清除（图3-80）。

3）设置指示牌。在小区的道路边需设置"避灾安置中心"指示牌（图3-81）。

4）预留配套建筑及场所。对小区的配套建筑和设施进行功能预留，便于在必要时将受灾居民进行安置（图3-82）。

图3-79 应急避难场所指示牌

图3-80 保证避难场所的空旷

图3-81 设置"避灾安置中心"指示牌

图3-82 预留配套建筑及场所

2. 屋顶防雷改造

（1）城镇老旧小区屋顶防雷现状

城镇老旧小区中的防雷设施主要存在两种情况：一种是建筑本身在建造时的忽视，导致防雷设施缺失；另一种是建筑时间较长，接闪线、引下线因老化、人为等因素造成损坏。

（2）屋顶防雷改造相关要求

1）接闪线的相关要求：对有防雷措施的老旧建筑屋顶，主要以修复接闪线为主；未设置防雷设施的，则需新增顶部接闪线。

2）引下线的相关要求：首先排查老旧建筑是否有引下线，有引下线的应检测原有引下线是否还有作用，再进行对应的修复或重建，没有引下线的则需补齐，所有外露的引下线需做套管防护措施。

3）接地装置的相关要求：接地装置需按国家标准设置。

（3）屋顶防雷改造常见问题与改造做法

1）常见问题：城镇老旧小区建筑屋顶接闪线缺失，未有完善的防雷设施，居民的生命及财产安全受到威胁（图3-83）。

改造做法：对接闪线进行补充完善，并检测能否正常使用，保障居民生活安全（图3-84）。

2）常见问题：城镇老旧小区建筑的引下线、套管破损，未能达到规范要求（图3-85）。

改造做法：修复或更换引下线，加装套管，并对引下线进行检测，保证其安全性（图3-86）。

图3-83　屋顶防雷改造常见问题一

图3-84　改造做法一

图3-85　屋顶防雷改造常见问题二

图3-86　改造做法二

（四）结构安全改造

城镇老旧小区改造中的"结构安全"一直是广受人们重视的问题。因此，城镇老旧小区建筑改造设计需要更加关注结构的安全问题。首先，需对城镇老旧小区建筑进行安全鉴定的检测；其次，要在不破坏结构的情况下，对其进行设计改造。城镇老旧小区改造增加构件前需对建筑结构进行精密的设计验算，保证结构的安全性。

房屋安全鉴定A、B、C、D级改造：

改造提升的相关要求：A类危房，在不涉及主体结构的情况下，可对建筑进行适当的提升改造。

房屋加固的相关要求：B类危房，对存在危险的建筑构件进行加固及提升的情况下不宜过度改造。

危房拆建的相关要求：C、D类，建议进行整体拆除重建。

1. A级

①地基基础：地基基础保持稳定，无明显不均匀沉降。

②墙体：承重墙体完好，无明显受力裂缝和变形；墙体转角处和纵、横墙交接处无松动、脱闪现象。非承重墙可有轻微裂缝。

③梁、柱：梁、柱完好，无明显受力裂缝和变形，梁、柱节点无破损、无裂缝。

④楼、屋盖：楼、屋盖无明显受力裂缝和变形，板与梁搭接处无松动和裂缝。

2. B级

①地基基础：地基基础保持稳定，无明显不均匀沉降。

②墙体：承重墙体基本完好，无明显受力裂缝和变形；墙体转角处和纵、横墙交接处无松动、脱闪现象。

③梁、柱：梁、柱有轻微裂缝；梁、柱节点无破损、无裂缝。

④楼、屋盖：楼、屋盖有轻微裂缝，但无明显变形；板与墙、梁搭接处有松动和轻微裂缝；屋顶无倾斜，屋架与柱连接处无明显位移。

⑤次要构件：非承重墙体、出屋面楼梯间墙体等有轻微裂缝；抹灰层等饰面层可有裂缝或局部散落；个别构件处于危险状态。

3. C级

①地基基础：地基基础尚保持稳定，基础出现少量损坏。

②墙体：承重墙体有轻微裂缝或部分非承重墙墙体明显开裂，部分承重墙墙体明显位移和歪闪；非承重墙体普遍明显裂缝；部分山墙转角处和纵、横墙交接处有明显松动、脱闪现象。

③梁、柱：梁、柱出现裂缝，但未达到承载能力极限状态；个别梁柱节点出现破损和明显开裂。

④楼、屋盖：楼、屋盖显著开裂；楼、屋盖板与墙、梁搭接处有松动和明显裂缝，个别屋面板塌落。

4. D级

①地基基础：地基基本失去稳定，基础出现局部或整体坍塌。

②墙体：承重墙有明显歪闪、局部酥碎或倒塌；墙角处和纵、横墙交接处普遍松动和开裂；非承重墙、女儿墙局部倒塌或严重开裂。

③梁、柱：梁、柱节点破坏严重；梁、柱普遍开裂；梁、柱有明显变形和位移；部分桩基座滑移严重，有歪闪和局部倒塌。

④ 楼、屋盖：楼、屋盖板普遍开裂，且部分严重开裂；楼、屋盖板与墙、梁搭接处有松动和严重裂缝，部分屋面板塌落；屋架歪闪，部分屋盖塌落[①]。

二、生活保障类改造

老旧小区由于年代久远，房屋破旧，屋顶、墙面渗漏随处可见，市政配套设施老化、破损严重（图3-87）。为满足城镇老旧小区居民的基本生活需求，老旧小区改造生活保障类主要分为：房屋修缮和市政配套。

（一）房屋修缮

城镇老旧小区的房屋建成年代较为久远，结构材料的老化，以及日常管理和维护的欠缺，导致房屋本体极易产生各种问题（图3-87）。

图3-87 老旧小区现状

---

① 中政建研房屋鉴定. 房屋危险性定性鉴定的一般规定及评定方法［EB/OL］.［2019-10-22］. https://www.sohu.com/a/348695247_120112022.

1. 屋顶修缮

（1）城镇老旧小区屋顶现状

建筑屋顶普遍存在渗漏现象，屋顶面板老化、开裂，排水不畅，积水容易下渗，部分小区虽然进行了大规模的平改坡整治，但没有解决根本问题，而且有些平改坡屋面本身材料质量较差，还未达到使用年限便有所损坏，进一步加剧了屋面渗漏情况，常漏常修，给居民生活造成诸多不便。

（2）屋顶修缮的一般规定

1）屋面基层上敷设防水层，应在基层检查合格后方可施工。

2）屋面防水层修缮时，应先进行檐口、檐沟、出水口、斜沟及天沟的连接处处理，再由屋面标高最低处向上施工。

局部屋面拆除修补时，应采取措施保护完好部位，损坏部位应按原样修缮。

3）屋面防水层雨期修缮施工时，应采取防雨遮盖和排水措施。冬期修缮施工时，应采取防冻保温措施。

4）应符合国家现行标准《屋面工程技术规范》GB 50345—2012。

（3）材料规定

1）坡屋面修漏时，宜利用原有块瓦。

2）屋面修漏采用的水泥强度等级不应低于42.5级，钢筋不应低于HPB235级钢，镀锌薄板厚度不应小于0.44mm。屋面防水层外露的，应选用环保无污染、高耐久性的防水材料；上人屋面宜选用耐水、耐机械损伤、耐霉菌性能优良的材料；刚性、柔性防水材料宜复合使用，卷材、涂料及密封材料之间应具有相容性。

3）屋面接缝修缮采用的密封材料，应选用粘结力强、延伸率大、耐久性好的材料。

（4）屋顶修缮常见问题与改造做法

1）常见问题：城镇老旧小区久经风吹日晒，致使防水层腐烂，檐沟垃圾堵塞（图3-88）。

改造做法：① 当渗漏点较少或分布零散时，应拆除开裂破损处已失效的防水材料，重新进行防水处理。修缮后应与原防水层衔接形成整体，且不得积水（图3-89）。② 渗漏严重的部位翻修时，宜先将已鼓起、破损的原防水层铲除、清理干净，并修补基层，再铺设卷材或涂布防水涂料附加层，然后重新铺设防水层，卷材收头部位应固定、密封。

2）常见问题：泛水处卷材开裂，多处出现氧化脱落情况，导致渗漏（图3-90）。

改造做法：泛水处卷材维修，清除污垢，更换泛水卷材，重新铺设（图3-91）。

图3-88　屋顶修缮常见问题一

图3-89　改造做法一

图3-90　屋顶修缮常见问题二

图3-91　改造做法二

3）常见问题：刚性防水层开裂，女儿墙损坏、开裂，水泥脱落（图3-92）。

改造做法：刚性防水层屋面渗漏的修缮，应采取以下措施。先铺设卷材或者涂布涂膜附加层，再铺设强度等级不应低于C30的混凝土，以及厚度不小于40mm的防水层，并应双向布筋，钢筋不应低于HPB300级，钢筋直径不应小于4mm，间距不应大于200mm（图3-93）。

图3-92　屋顶修缮常见问题三

图3-93　改造做法三

4）常见问题：坡屋面渗水。原屋面为木结构，处理不当，多处渗水使其结构腐烂，无法起到防水作用（图3-94）。

改造做法：坡屋顶修复。更换破损瓦片，选用相对应构件进行支撑修缮（图3-95）。

图3-94 屋顶修缮常见问题四　　　　　　　图3-95 改造做法四

5）其他改造做法[1]：

① 女儿墙、立墙等高出屋面结构与屋面基层的连接处卷材开裂时，应先将裂缝清理干净，再重新铺设卷材或涂布防水涂料，新旧防水层应形成整体。卷材收头可压入凹槽内固定密封，凹槽距屋面找平层高度不应小于250mm，上部墙体应做防水处理。

② 女儿墙泛水处收头卷材张口、脱落不严重时，应先清除原有胶粘材料及密封材料，再重新满粘卷材。上部应覆盖一层卷材，并应将卷材收头铺至女儿墙压顶下，同时应用压条钉压固定并用密封材料封闭严密，压顶应做防水处理。张口、脱落严重时应割除并重新铺设卷材。

③ 混凝土墙体泛水处收头卷材张口、脱落时，应先清除原有胶粘材料、密封材料、水泥砂浆层至结构层，再涂刷基层处理剂，然后重新满粘卷材。卷材收头端部应裁齐，并应用金属压条钉压固定，最大钉距不应大于300mm，并应用密封材料封严。

④ 上部应采用金属板材覆盖，并应钉压固定、用密封材料封严。

⑤ 立墙和女儿墙压顶开裂、剥落的维修应符合下列规定：

a. 压顶砂浆局部开裂、剥落时，应先剔除局部砂浆后，再铺抹聚合物水泥防水砂浆或浇筑C20细石混凝土。

b. 压顶开裂、剥落严重时，应先凿除酥松砂浆，再修补基层，然后在顶部加扣金属盖板，金属盖板应做防锈蚀处理。

---

[1] 中华人民共和国行业标准. 房屋渗漏修缮技术规程 JGJ/T 53—2011 [S]. 北京：中国建筑工业出版社，2011.

⑥ 变形缝渗漏的维修应符合下列规定：

a. 屋面水平变形缝渗漏维修时，应先清除缝内原卷材防水层、胶结材料及密封材料，且基层应保持干净、干燥，再涂刷基层处理剂、缝内填充衬垫材料，并用卷材封盖严密，然后在顶部加扣混凝土盖板或金属盖板，金属盖板应做防腐蚀处理。

b. 高低跨变形缝渗漏时，应先进行清理及卷材铺设，卷材应在立墙收头处用金属压条钉压固定和密封处理，上部再用金属板或合成高分子卷材覆盖，其收头部位应固定密封。

⑦ 屋面瓦与山墙交接部位渗漏，应按女儿墙泛水渗漏的修缮方法进行维修。

⑧ 预制的天沟、檐沟应根据损坏程度决定局部维修或整体更换。

⑨ 水泥瓦、黏土瓦和陶瓦屋面渗漏维修，少量瓦件产生裂纹、缺角、破碎、风化时，应拆除破损的瓦件，并选用同一规格的瓦件予以更换；瓦件松动时，应拆除松动瓦件，重新铺挂瓦件；块瓦大面积破损时，应清除全部瓦件，整体翻修。

⑩ 沥青瓦屋面渗漏维修。沥青瓦局部老化、破裂、缺损时，应更换同一规格的沥青瓦；沥青瓦大面积老化时，应全部拆除沥青瓦，并按现行国家标准《屋面工程技术规范》GB 50345—2012的规定重新铺设防水垫层及沥青瓦。

⑪ 钢结构修缮。当屋架有下列情况之一时，应进行承载力验算，或直接进行补强：

a. 屋架侧倾，其倾斜量超过屋架高度的1/25。

b. 上下弦弯曲变形。

c. 上下弦钢材严重锈蚀，使有效截面面积减少达1/5及以上。

d. 焊缝局部断裂或铆钉螺栓松动、局部断裂，杆件松动失效。

⑫ 当屋架稳定性不足或产生倾斜时，应采用补强弦杆、增设支撑和系杆、纠偏等方式进行加固。

⑬ 当屋架强度不足时，宜采用增大截面法进行处理，补强后的构件应进行承载力验算复核。

⑭ 木结构修缮。当螺栓或铆钉松动、折断或焊接开裂时，应进行修缮、拆换、补强或加焊处理。

⑮ 当屋架下弦受拉木夹板断裂，或螺栓间剪面开裂时，可重换木夹板，其截面和所用螺栓数量均应与更换前相符。

⑯ 屋架斜杆中部弯曲变形，应加夹板或撑木减少斜杆的自由长度，增加其稳定性。

⑰ 当屋架端部节点裂缝进行局部补强时，应在附近完好部位增设木夹板，再用钢拉杆与端部抵承角钢连接，必要时可采用钢箍箍紧受剪面。

⑱ 当屋架上弦个别节间出现危险性断裂迹象时，可采用木夹板和螺栓连接补强。

⑲ 当屋架下弦用料过小而下垂开裂时，可采用钢拉杆补强，钢拉杆的断面应按计算确定，并应对下弦杆的端部型钢支承处进行局部承压验算。

⑳ 当屋架端部齿连接部分腐朽蛀蚀时，应截去腐朽部分，并应按原规格换新，采用木夹板连接。

2. 建筑外墙改造

（1）城镇老旧小区建筑外墙现状

外墙墙体的破损是城镇老旧小区的痛点之一，存在大面积剥落、防水功能损坏的情况，不仅威胁居民的人身安全，降低居民生活质量，也对小区整体形象造成影响。尤其是面砖类的墙体饰面，随着时间的推移和自然环境的侵蚀，黏度慢慢减弱，脱落的风险增加，对居民的生命安全构成严重威胁。

（2）建筑外墙改造的一般规定

1）屋面和外立面的修缮，应保证建筑外观的整体性，其形式、用料、色泽应与周边环境相协调。

2）屋面和外立面修缮的设计，应先确定房屋相关部位结构的安全性。当无法确定结构安全性时，应对房屋相关部位结构进行检测鉴定，出具房屋结构安全性鉴定报告和加固建议，设计人员应根据检测鉴定报告进行后续修缮设计。

3）外墙饰面修缮前应明确基层损坏情况，当基层存在空鼓、开裂等损坏时，应先对基层进行处理，基层应牢固。

4）屋面和外立面修缮前，应先对建筑屋面和外立面的附加设施和附属设施进行查勘；对查勘中发现的安全和质量方面的问题应先进行处理，再进行后续修缮。

5）屋面和外立面的修缮，当原有屋面和外墙的保温层完好时，不得破坏原有保温层。

6）应符合国家现行行业标准《房屋渗漏修缮技术规程》JGJ/T 53—2011。

（3）建筑外墙改造常见问题与改造做法

1）常见问题：清水墙面出现裂缝、孔洞、灰缝等问题（图3-96）。

改造做法：

① 墙体坚实完好、墙面灰缝损坏时，可先将渗漏部位的灰缝剔凿出深度为15~20mm的凹槽，经浇水湿润后，再采用聚合物水泥防水砂浆勾缝（图3-97）。

② 墙面局部风化、碱蚀、剥皮，应先将已损坏的砖面剔除，并清理干净，再浇水湿润，然后抹压聚合物水泥防水砂浆，并进行调色处理，使其与原墙面基本一致。

③ 严重渗漏时，应先抹压聚合物水泥防水砂浆对基层进行防水补强后，再涂刷具有装饰功能的防水涂料或聚合物水泥防水砂浆粘贴面砖等进行处理[①]。

图3-96　建筑外墙改造常见问题一　　　　　图3-97　改造做法一

2）常见问题：抹灰墙面由于风化和雨水侵蚀，墙面空鼓，表面起皮，酥松脱落（图3-98）。

改造做法：

① 抹灰墙面局部损坏渗漏时，应先剔凿损坏部分至结构层，并清理干净，浇水湿润，然后涂刷界面剂，分层抹压聚合物水泥防水砂浆，每层厚度宜控制在10mm以内并处理好接槎。抹灰层完成后，应恢复饰面层（图3-99）。

② 对于抹灰墙面的龟裂，应先将表面清理干净，再涂刷颜色与原饰面层一致的弹性防水涂料。

③ 对于宽度较大的裂缝，应先沿裂缝切割并剔凿出15mm×15mm的凹槽。对于松动、空鼓的砂浆层全部清除干净，浇水湿润后，用聚合物水泥防水砂浆修补平整，然后涂刷与原饰面层颜色一致且具有装饰功能的防水涂料。

④ 抹灰墙面大面积渗漏时，应进行翻修，并应在基层补强处理后，采用涂布外墙防水饰面涂料或防水砂浆粘贴面砖等方法进行饰面处理[①]。

3）常见问题：使用面砖和板材的墙面出现开裂、空鼓甚至脱落现象（图3-100）。

---

① 中华人民共和国行业标准. 房屋渗漏修缮技术规程 JGJ/T 53—2011〔S〕. 北京：中国建筑工业出版社，2011.

改造做法：

① 面砖饰面层接缝处渗漏，应先清理渗漏部位的灰缝，并用水冲洗干净，再采用聚合物水泥防水砂浆勾缝。

② 对于面砖局部损坏的情况，应先剔除损坏的面砖，并清理干净，浇水湿润，然后在修补基层后，再用聚合物水泥防水砂浆粘贴与原有饰面砖一致的面砖，严密勾缝。

③ 板材局部破损时，应先剔除破损的板材，并清理干净，再经防水处理后，恢复板材饰面层。

④ 严重渗漏时应翻修，修补损坏部分，再涂布高弹性且具有防水装饰功能的外墙涂料或在分段抹压聚合物水泥防水砂浆后，恢复外墙面砖、板材饰面层（图3-101）[①]。

图3-98 建筑外墙改造常见问题二

图3-99 改造做法二

图3-100 建筑外墙改造常见问题三

图3-101 改造做法三

4）常见问题：管线杂乱，房屋之间各种飞线（图3-102）。

改造做法：各类外露管线应设置简易遮挡，或涂饰与所依附墙面相同色彩的涂料（图3-103）。

---

① 中华人民共和国行业标准. 房屋渗漏修缮技术规程 JGJ/T 53—2011［S］. 北京：中国建筑工业出版社，2011.

图3-102 建筑外墙改造常见问题四

图3-103 改造做法四

3. 单元楼道改造

（1）城镇老旧小区单元楼道现状

城镇老旧小区的单元楼道内墙体面层较为简陋，有些甚至没有涂刷面层，在楼道宽度不足、使用空间狭小的情况下墙体饰面极易损坏。楼梯踏面在长时间使用下避免不了自身的风化、结构老化和各类硬物的冲击，产生各种裂缝坑洼，稍加不注意可能会绊倒居民，且楼道内的扶手、栏杆也容易出现破损锈蚀的情况，甚至存在断裂的可能，对居民的使用带来极大不便。

（2）单元楼道改造常见问题与改造做法

1）常见问题：楼道内地面出现起壳、碎裂等损坏（图3-104）。

改造做法：根据地面情况进行针对性处理（图3-105）。

图3-104 单元楼道改造常见问题一

图3-105 改造做法一

其他改造做法：

① 楼地面垫层出现起壳、碎裂等损坏，可采用局部修补，其垫层厚度应与原垫层相同，但楼地面垫层最小厚度不得小于表3-2的规定。

楼地面垫层最小厚度（单位：mm） 表3-2

名称	灰土垫层	砂垫层	碎（卵）石垫层	碎砖垫层	三合土垫层	混凝土垫层
最小厚度	100	60	60	100	100	60

② 水泥砂浆地面损坏的修补，应符合下列规定：

A. 面层空鼓、开裂损坏时，应剔凿损坏部位成规则形状倒坡槎，清理干净并涂刷界面剂，处理接槎应采用与原有面层相同品种、相近颜色的水泥砂浆，补抹牢固、平整、光滑，接槎严实，并应进行养护。

B. 表面起砂麻面时，应打刷清理干净，浇水湿润，并采用微膨胀聚合物水泥砂浆分层刮抹，达到平整光滑后，进行养护。

C. 混凝土地面损坏修补。当面层裂缝不大时，应在清刷裂缝干净干燥后，均匀饱满地灌注环氧树脂结构胶，并擦净表面；当面层局部松散且裂缝较大时，应剔凿裂缝成沟槽，清除松散的混凝土块，新旧混凝土界面清理干净后涂刷界面剂，处理接槎，分层补抹细石混凝土或水泥砂浆，拍抹密实平整后进行养护。

D. 水磨石地面损坏修补。面层空鼓、裂缝较小时，应采用压力灌注环氧树脂结构胶，并应采用与原面层相同规格、相近颜色的水泥浆抹平孔眼，经养护、磨光、擦亮，与原地面基本一致；面层空鼓严重且裂缝较大时，应剔凿空鼓部位至坚实基层，剔凿范围成规则形状倒坡槎，裂缝呈沟槽状，清理干净后涂刷界面剂，补抹与原面层相同规格、相近颜色的水泥浆略高于原面层，经养护、磨光、擦亮，与原地面基本一致。

E. 大理石、花岗石、预制水磨石、水泥花砖及釉面砖等地面损坏修补。面层空鼓、裂缝较小时，应清净裂缝，沿裂缝压力灌注环氧树脂结构胶并进行加压，粘结平整牢固后擦净表面；面层空鼓、开裂严重时，应剔掉损坏的板块，清理干净并浇水湿润，补抹找平层平整牢固，刮刷水泥浆，铺镶相同品种、规格、颜色的板块，经灌缝、磨光、打蜡、擦亮，与原地面基本一致。

2）常见问题：楼道内墙面起鼓、破损，面层脱落（图3-106）。

改造做法：清理干净墙面，并对其进行防水处理，重新粉刷（图3-107）。

图3-106 单元楼道改造常见问题二　　　　图3-107 改造做法二

其他改造做法：

① 抹灰层或饰面层损坏时，应剔凿、斩剁或锯成规则形状。抹灰面层和底

层，应剔凿成阶梯形倒坡槎；饰面层应剔凿成规则形直槎。

② 当基层出现下列情况之一时，应先对基层进行处理，再做抹灰或饰面层；a. 砌体严重风化、碱蚀、疏松损坏时，应先剔掏砌体；b. 板条、金属网破旧损坏时，应补钉板条、苇箔、金属网；c. 钢筋混凝土保护层锈胀露筋时，应清除混凝土基层，对钢筋进行除锈处理，修补保护层。

③ 门窗框与墙面相交的缝隙、孔洞，应采用灰浆或嵌缝膏分层堵抹规整、牢固、严实。

④ 基层、底层灰及接槎处有灰浆、青苔等时，应清刷干净；基层和底层灰表面光滑时，应凿毛处理。

⑤ 修补抹灰前，应根据底层情况浇水湿润。补抹时，应涂刷界面剂，每层补抹灰的厚度应控制在10mm以内，并处理好接槎。底层灰应略低于原有面层，并应划出纹理或扫毛；水泥砂浆、水泥混合砂浆应待前层初凝后，再抹次层或面层；石灰砂浆应待前层灰达到70%～80%干时，再抹次层或面层，各层抹灰之间应粘结牢固平整；修补踢脚板、墙裙（台度）的水泥砂浆底层灰时，应抹足高度。

⑥ 抹灰或饰面层修补面积较大时，应根据原有抹灰或饰面层的厚度，及墙面的垂直、平整状况，按新抹灰或饰面层做灰饼冲筋找平、找直后，再抹底层灰、面层灰或饰面层，大面应垂直平接。

⑦ 墙体无保温系统时，修补水泥砂浆面、饰面层的损坏应符合下列规定：

A. 面层开裂时，应根据裂缝的深度、方向，将其扩凿成V形沟槽，清刷净浮渣和灰尘，浇水湿润，用水泥砂浆或水泥混合砂浆分层补抹牢固、严实、平整，然后重做水泥砂浆面或饰面层。

B. 局部底层灰、饰面砖损坏时，应按相关规定剔凿、清理干净、浇水湿润。修补底层灰或找平层，应按原有饰面砖补镶牢固、平整，勾缝、擦洗干净。

C. 当饰面砖表面完好，但与抹灰层存在空鼓时，应按空鼓面积确定钻孔位置。待孔眼干燥后，灌注环氧树脂浆，加压固定饰面与找平层或底层灰粘结牢固。应采用同色水泥砂浆封闭灌注孔，修补、打磨光平，应与原有饰面基本一致。

D. 当饰面砖的抹灰层与基体间空鼓脱离时，应根据饰面砖找平层或底层灰的重量和螺栓的抗拉强度、抗拔力、抗剪力等，计算螺栓或膨胀螺栓的直径、数量，在面砖角缝部位钻孔深入基体不小于30mm，孔眼除尘洁净，螺栓与墙面应成75°，低压灌注环氧树脂浆，放入不锈钢螺栓，将饰面砖找平层或底层灰适当加压，与基体粘结固定牢靠，其孔眼采用同包聚合物水泥砂浆堵实，抹压、打磨光平与饰面砖一致。

E. 当饰面砖严重损坏又无同品种、规格的面砖时，应按相关规定剔凿处理，应采用原有饰面砖同色水泥混合砂浆抹仿饰面砖，并应达到原有饰面砖的装饰效果。

F. 饰面砖之间勾缝损坏时，应采用具有抗渗性的粘结材料进行修补。修补后，勾缝应连续、平直、光滑、无裂纹、无空鼓。

G. 修补后，外墙饰面砖的粘结强度应符合现行行业标准《建筑工程饰面砖粘结强度检验标准》JGJ/T 110—2017的规定。

⑧ 面砖饰面层空鼓的修缮应符合下列规定：

A. 对检测评估面砖空鼓面积超过50%，且与基层墙体分离大于15mm以上的墙面，应采用原面砖铲除并重新铺设的置换法修缮。

B. 对检测评估面砖空鼓面积不超过50%，且与基层墙体分离在15mm以内的墙面，或暂未空鼓但经检测评估，面砖与墙面粘结强度不能满足要求的墙面，可采用加固法修缮。

C. 当采用加固法进行修缮时，应根据面砖的空鼓情况和设计要求，在面砖饰面覆盖透明柔韧加固层，使面砖饰面形成整体，同时应采用局部注浆的方法，充填与粘结空鼓部位，应通过锚固使面砖与基层牢固连接。

⑨ 修补石渣类饰面时，应符合下列规定：

A. 在局部修补中，修补面层应略高于原墙面层。

B. 应按原墙的石渣品种、粒径、颜色、比例配制灰浆，涂刷界面剂，做小样与原有色调相近，再配料补抹面层。

C. 修补时，应自上而下进行，并应采取保护墙面的措施。

3）常见问题：楼梯栏杆生锈脱落，扶手表面漆起皮（图3-108）。

改造做法：对生锈部分进行更换调整，扶手表面重新刷漆（图3-109）。

图3-108 单元楼道改造常见问题三　　　　图3-109 改造做法三

4）常见问题：楼梯栏杆凹陷，多处存在广告张贴情况（图3-110）。

改造做法：对栏杆凹陷处进行修复，清洗栏杆表层垃圾（图3-111）。

图3-110　单元楼道改造常见问题四　　　　图3-111　改造做法四

4. 地下室改造

（1）城镇老旧小区地下室现状

城镇老旧小区存在部分地下室被居民侵占为储藏间的现象，或者为了非机动车位的增加而产生一些不合理的空间拓展，影响了房屋本身的结构安全性，也有部分地下空间防水不到位，缺少合理的排水设施，在雨季等需要高效排水的时节里容易发生室内积水等现象，造成居民的财产损失。

（2）地下室改造常见问题与改造做法

1）常见问题：地下室墙面维护差，墙面多处存在空洞，边缘损坏严重（图3-112）。

改造做法：对空洞进行填补修复，墙面重新粉刷，边缘做好相应保护（图3-113）。

图3-112　地下室改造常见问题一　　　　图3-113　改造做法一

2）常见问题：城镇老旧小区的地下室普遍处于潮湿状态，渗漏现象十分严重（图3-114）。

改造做法：

① 根据查勘结果及渗水点的位置、渗水状况与损坏程度编制修缮方案，对

地下室空间进行清理，重新进行防水处理（图3-115）。

②按照大漏变小漏、缝漏变点漏、片漏变孔漏的原则，逐步缩小渗漏水范围。

图3-114 地下室改造常见问题二　　　　图3-115 改造做法二

3）常见问题：雨后地下室雨水堆积，无法排入下水道（图3-116）。

改造做法：根据地下相对应的水文地质，重新设计（图3-117）。

图3-116 地下室改造常见问题三　　　　图3-117 改造做法三

4）其他改造做法

①根据查勘结果及渗水点的位置、渗水状况及损坏程度编制修缮方案。

②地下室渗漏修缮宜按照大漏变小漏、缝漏变点漏、片漏变孔漏的原则，逐步缩小渗漏水范围。

③地下室渗漏修缮用的材料应符合下列规定：

A. 防水混凝土的配合比应通过试验确定，其抗渗等级不应低于原防水混凝土设计要求；掺用的外加剂宜采用防水剂、减水剂、膨胀剂及水泥基渗透结晶型防水材料等。

B. 防水抹面材料宜采用掺水泥基渗透结晶型防水材料、聚合物乳液等非憎水性外加剂、防水剂的防水砂浆。

C. 防水涂料的选用应符合国家现行标准《地下工程渗漏治理技术规程》JGJ/T 212—2010的规定。

D. 防水密封材料应具有良好的粘结性、耐腐蚀性及施工性能。

E. 注浆材料的选用应符合国家现行标准《地下工程渗漏治理技术规程》JGJ/T 212—2010的规定。

F. 导水及排水系统宜选用铝合金或不锈钢、塑料类排水装置。

④ 大面积轻微渗漏水和漏水点，宜先采用漏点引水，再做抹压聚合物水泥防水砂浆或涂布涂膜防水层等进行加强处理，最后采用速凝材料进行漏点封堵。

⑤ 渗漏水较大的裂缝，宜采用钻斜孔注浆法处理，并应符合国家现行标准《地下工程渗漏治理技术规程》JGJ/T 212—2010的规定。

5．建筑加固

老旧小区建筑服役年龄基本都在20年以上，存在相关设计标准偏低、材料强度不高、整体性不足、布局不合理等问题，其检测鉴定及加固处理相对困难，而结构安全关乎生命安全，故对其进行结构加固应为改造的重中之重。

（1）一般规定[①]

1）混凝土结构修缮所用的纵向受力钢筋宜采用HRB335、HRB400钢筋，箍筋宜采用HPB300钢筋。

2）混凝土结构修缮的水泥宜采用微膨胀水泥，强度等级不宜低于42.5级。

3）混凝土结构修缮的混凝土强度等级，应比原混凝土强度等级提高一级，并不应低于C25。

4）当砌体修缮或重砌时，其材料强度等级应符合现行国家标准《砌体结构设计规范》GB 50003—2011的有关规定，且块体的强度等级不应低于原设计值，砌筑砂浆的强度等级应比原砂浆强度等级提高一级。

5）砌体结构房屋修缮时，宜利用原有的块体，不得使用严重风化、碱蚀、疏松的块体，并应对原有块体强度测试后再利用。

（2）建筑加固的常见问题与改造方法

1）常见问题：地基沉降不均匀、变形、基础开裂（图3-118）。

改造做法：对于不同的结构类型采用不同的加固方式（图3-119）。

① 裂损基础注浆加固

适用范围：机械损伤、地基不均匀沉降、冻胀或其他非荷载原因引起基础开裂或损坏。

方法：注浆法（灌浆法），可采用适用于潮湿环境的改性环氧树脂，注浆压力一般为0.4～0.6MPa。

② 基础承载力加固

---

① 中华人民共和国行业标准. 民用建筑修缮工程查勘与设计标准 JGJ/T 117—2019［S］. 北京：中国建筑工业出版社，2019.

适用范围：设计错误或功能改变致使荷载增大，导致基础结构承载力不足。

方法：条形基础肋梁加固、柱基肋梁加固、条形基础加腋加固。

③ 加大基础底面积

适用范围：既有建筑的地基承载力或基础底面尺寸不满足规范要求。

方法：独立基础改条形基础、条形基础改十字正交条形基础、条形基础改筏形基础。

图3-118 建筑加固常见问题一　　　　图3-119 改造做法一

2）常见问题：结构构件老化，混凝土柱出现疏松、剥落、孔洞等问题（图3-120）。

改造做法：结构构件修复，使用喷射混凝土修缮（图3-121）。

图3-120 建筑加固常见问题二　　　　图3-121 改造做法二

其他结构抗震加固改造做法：

① 当混凝土柱表面出现疏松、剥落、裂缝、孔洞、蜂窝等损坏，宜采用喷射混凝土修缮。

② 混凝土柱补强应符合下列规定：

a. 混凝土柱新增面层的厚度不应小于60mm，喷射混凝土厚度不应小于50mm，石子粒径不应大于20mm，混凝土强度等级不应小于C30。

b. 新增纵向钢筋宜采用螺纹钢筋，直径应为14~25mm；箍筋直径应符合相应结构抗震等级的要求，且不应小于8mm。

c. 新增纵向钢筋与原纵向钢筋间的净距不应小于20mm，并应采用短筋焊接牢固，短筋间距不应大于500mm，直径不应小于20mm，长度不应小于100mm，并应设置封闭式箍筋或U形箍筋。

d. 柱的纵向钢筋下端应锚入基础，锚固长度不应小于25d，上部应穿过楼板与上柱锚固；当砌体结构房屋修缮或拆砌时，墙、柱和楼盖间应有可靠的拉结，并应符合下列规定：

承重砌体厚度不应小于190mm，空斗墙厚度不应小于240mm，土墙厚度不应小于250mm。

当采用角钢补强时，其角钢厚度应为5~8mm，角钢边长不应小于7.5mm，扁钢截面不应小于25mm×3mm；角钢与扁钢应焊接牢固，角钢两端应有可靠的锚固；外包混凝土厚度不应小于50mm。

③ 当拆砌墙体时，新旧墙体交接处不得凿水平槎或直槎，应做成踏步槎接缝，缝间应设置拉结钢筋。

④ 预制钢筋混凝土板在砌体上的搁置长度不应小于100mm。

⑤ 混凝土墙体的补强宜采用增大截面法、粘贴钢板法等方法。当墙体仅为横向配筋不足时，宜采用粘贴钢板法加固，在墙体表面设置水平横向扁钢，也可新抹（浇）混凝土。

⑥ 当混凝土中存在有害骨料时，宜采用置换有害混凝土的方法进行加固，并应进行临时支撑设计。

⑦ 粘钢补强应符合下列规定：

a. 混凝土强度等级不得低于C15；b. 粘钢钢板厚度宜为2~6mm；c. 钢板表面抹浆厚度不应小于20mm；d. 粘钢补强应采用高强耐久性好的胶粘剂；在受压区采用侧向粘钢加固时，其钢板宽度不应大于梁高的1/3；在受拉区采用侧向粘钢加固时，其钢板宽度不应大于1000mm；补强点外粘钢的锚固长度在受拉区不应小于钢板厚度的80倍，且不应小于300mm，在受压区不应小于60倍钢板厚度，且不应小于250mm；e. 钢板及其邻近交接处的混凝土表面应进行密封、防水、防腐处理。

⑧ 搁栅和檩条等搁置长度不应小于砌体厚度的一半，且不应小于70mm。

⑨ 砌体修缮时，屋架或梁端的砌体处，宜在屋架或梁端和砌体间设置混凝土垫块或木垫块。混凝土垫块强度等级不应低于C25，厚度不应小于180mm；木垫块不应小于80mm×150mm，并应进行防腐处理。

⑩ 当砌体拆砌遇防潮层时，应在适当位置重新设置防潮层，并应与保留墙体的防潮层围合。对低于室内地坪50mm的防潮层，防潮材料可采用防水水泥砂浆，或采用厚度不小于80mm的C20混凝土。

3）常见问题：老旧小区由于年代久远，设计水平及材料工艺较现在相比落后，为应对地震等特殊灾害，需要进行材料及工艺加固（图3-122）。

改造做法：使用外包钢或者粘钢修复（图3-123）。

图3-122　建筑加固常见问题三　　　　　图3-123　改造做法三

其他结构改造做法：

① 增设构件加固法：增加剪力墙、柱、圈梁等混凝土构件，改变建筑结构的受力体系或增加建筑结构的整体性。

② 增强构件加固法：新增构件无法采用时，对原构件进行加固，提高承载力和抗震能力。可采用的构件加固方法：粘贴钢板加固法、外粘型钢加固法、粘贴碳纤维复合材加固法、增大截面加固法等。

③ 耗能减震加固法：通过在结构某些部位增加耗能阻尼减震装置，以减小地震反应。

④ 隔震加固法：通过对隔震层的设置，将地震变形集中到隔震层上，从而减小对原有结构的地震作用。

4）常见问题：墙面砌体开裂，导致表面开裂脱落（图3-124）。

改造做法：先对表面进行清理，然后对裂缝区域用水泥填充加固，之后重新抹灰等处理（图3-125）。

其他裂缝修复改造做法：

① 表面封闭法：多适用于裂缝宽度小于等于0.2mm，利用低黏度且具有良好渗透性的修补胶液，封闭裂缝通道。

② 注射法：多适用于裂缝宽度大于等于0.1mm且小于等于1.5mm，静止的独立裂缝、贯穿性裂缝以及蜂窝状局部缺陷的补强和封闭，以一定的压力将低黏

度、高强度的裂缝修补胶液注入裂缝腔内。

③填充密封法：适用于裂缝宽度大于0.5mm的裂缝，在构件表面凿出U形沟槽，用结构胶充填。

④灌浆法：多适用于处理大型结构贯穿性裂缝、大体积混凝土的蜂窝状严重缺陷以及深而蜿蜒的裂缝。利用压力设备将某种胶结材料压入裂缝中，达到封堵加固的效果。

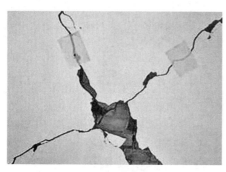

图3-124　建筑加固常见问题四　　　　　图3-125　改造做法四

（二）市政配套

城镇老旧小区改造的市政配套类主要涉及：给水设施改造、排水设施改造、供电设施改造、弱电设施改造、供气设施改造、供热设施改造、生活垃圾分类改造以及道路改造。

1. 给水设施改造

（1）城镇老旧小区给水设施现状

城镇老旧小区供水主要存在两个方面的问题：首先是水质二次污染问题，经过20多年的时间侵蚀，供水特别是地下管道出现不同程度的腐蚀和结垢造成水质污染；其次是管网老化导致"跑、冒、滴、漏"严重，既影响居民的生活，又造成较大的漏损和耗能浪费。

（2）给水设施改造要求

1）供水管网改造时，应按现行国家标准《建筑给水排水设计标准》GB 50015—2019、《民用建筑节水设计标准》GB 50555—2010的有关规定，选用结实耐久、不影响水质、节能节水的管道及设备，采取避免渗漏、结露的防污染措施，超压者加设减压阀，以便节水节能。改造后应保证水量水质水压稳定可靠，可向所有用户不间断供应。

2）地下管道陈旧并有不同程度的腐蚀和结垢，造成水质差、供水不足、跑漏严重的老旧小区或有安全隐患者，应按现行规范对小区地下给水管道及附属设施（水表井、地下消火栓、阀门井、阀门、消防水泵接合器等）进行更换，改造后的管网应满足生活及消防用水的使用要求。

3）应按用途及管理要求设置计量装置。如景观、绿化、设备用房等处应单独计量，宜采用自动远传计量系统对各类用水进行计量。

4）当城镇老旧小区长期供水压力不足时，应根据市政给水管网供水条件分析压力不足的原因，合理确定供水方案。

5）对于非不锈钢材质的二次供水水箱予以更换，没有消毒设施者，应增加。

（3）给水设施改造常见问题与改造做法

1）常见问题：供水水压不足，该问题一直是困扰居民的难题，也是城镇老旧小区改造的重要内容（图3-126）。

改造做法：采用无负压供水设备增压。此种供水方式在供水改造项目中比较常用，也较为节能（图3-127）。

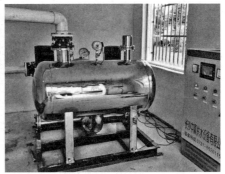

图3-126 给水设施改造常见问题一　　　　图3-127 改造做法一

2）常见问题：供水水管锈蚀，导致水管破损滴漏的同时也对水质造成污染，严重影响居民的生活（图3-128）。

改造做法：将原有的老化严重的供水水管换成不易锈蚀、结垢、破裂的不锈钢水管（图3-129）。

图3-128 给水设施改造常见问题二　　　　图3-129 改造做法二

2. 排水设施改造

（1）城镇老旧小区排水设施现状

城镇老旧小区由于建成年代早，排水系统问题较为普遍，如雨污混流、铸铁管道老化锈蚀渗漏、管道不畅、化粪池满溢，车辆碾压和野蛮施工造成了小区排水管被压坏、破损，甚至被截流填埋现象都有发生。

（2）排水设施规范要求

① 小区生活排水与雨水排水系统应采用分流制[①]。

② 排水管道的布置应考虑噪声影响，设备运行产生的噪声应符合现行国家标准的规定。

③ 消防排水、生活水池（箱）排水、游泳池放空排水、空调冷凝排水、室内水景排水、无洗车的车库和无机修的机房地面排水等宜与生活废水分流，单独设置废水管道排入室外雨水管道[①]。

（3）排水设施改造常见问题与改造做法

① 常见问题：污水排放不畅，管道淤堵、化粪池满溢等（图3-130）。

改造做法：对排水管道进行清淤与疏通处理，通过改造解决居民生活中遇到的实际困难（图3-131）。

图3-130 排水设施改造常见问题一 　　　　图3-131 改造做法一

② 常见问题：城镇老旧小区因为年代久远，管道锈蚀破损导致污水渗漏，给居民带来巨大困扰（图3-132）。

改造做法：对锈蚀破损的管道进行拆除，并用耐腐蚀性较强的管道进行更换（图3-133）。

---

① 中华人民共和国国家标准. 建筑给水排水设计标准 GB 50015—2019［S］. 北京：中国计划出版社，2019.

图3-132 排水设施改造常见问题二

图3-133 改造做法二

③ 常见问题：雨污混流，加重了城市环境负担（图3-134）。

改造做法：雨污分流改造（图3-135）。

图3-134 排水设施改造常见问题三

图3-135 改造做法三

3. 电力设施改造

（1）城镇老旧小区电力设施现状

城镇老旧小区电力线路纵横交织，形成"空中蜘蛛网"乱象，不仅影响小区环境面貌，还存在诸多安全隐患。并且用电设施的主要设备运行时间基本较长，供电线路普遍老化严重，易产生触电、短路、火灾等安全隐患，影响居民人身安全，造成居民财产损失。

（2）电力设施改造要求

① 当居住小区配电线路为架空线缆时，结合小区综合管线规划，优先采用线缆排管埋地敷设，其次进行架空线缆规整，不得使用裸导线。当同一路径电缆为13～18根时可采用电缆沟敷设方式。

② 电缆与建筑平行敷设时，应埋于建筑物散水坡外，电缆进出住宅建筑时应避开人行出入口，所穿保护管应延伸出住宅建筑散水坡外，且距离不应小于200mm；管口应实施阻水堵塞，并宜在距建筑外墙3～5m处设电缆井。

③ 各类地下管线之间的最小水平距离和交叉净距应符合表3-3、表3-4中的相

关标准。

④ 老旧小区的电气设备及线路，应定期检查和维修。当不能满足相关国家现行规范的要求时应及时更换。

⑤ 每套住宅应按户设置计量电表。低层、多层住宅宜采用在底层集中安装电能表的方式，当集中安装确有困难时，可采用分层相对集中安装电能表的方式。

⑥ 配电系统采用与更新改造前相同的接地制式，并进行总等电位联结；引至住户配电箱的电源线均应配置保护接地线。

⑦ 当电线、电缆在线槽内敷设时，应采用阻燃型电线、电缆。

各类地下管线之间距离表（m） 表3-3

管线名称	给水管			排水管	燃气管		热力管	电力电缆	弱电管道
	D_1	D_2	D_3		P_1	P_2			
电力电缆	0.5			0.5	1.0	1.5	2.0	0.25	0.5
弱电管道	0.5	1.0	1.5	1.0	1.0	2.0	1.0	0.5	0.5

注：D为给水管直径，$D_1 \leq 300mm$，$300mm < D_2 \leq 500mm$，$D_3 > 500mm$。
　　P为燃气压力，$P_1 \leq 300kPa$，$300kPa < P_2 \leq 800mm$。

各类地下管线之间最小交叉距离（m） 表3-4

管线名称	给水管	排水管	燃气管	热力管	电力电缆	弱电管道
电力电缆	0.50	0.50	0.50	0.50	0.50	0.50
弱电管道	0.15	0.15	0.30	0.25	0.50	0.25

（3）电力设施改造常见问题与改造做法

① 常见问题：城镇老旧小区，强弱电常见地上布线，线路繁杂，私拉飞线严重，再加上线路老化，容易引起火灾，存在安全隐患（图3-136）。

改造做法：对老旧小区无地下管网的统一修建管网，对已有管网的进行规范，将原有架空及地面暴露的弱电线路统一规范入地（图3-137）。

图3-136　电力设施改造常见问题一

图3-137　改造做法一

② 常见问题：城镇老旧小区，楼道通信线路混乱，弱电线杂乱无章，服务商各自为政，楼道外部形象差，并有安全隐患（图3-138）。

改造做法：对墙面线路进行序化整理，通过桥架将强弱电分开梳理，消除安全隐患，提升小区形象（图3-139）。

图3-138　电力设施改造常见问题二　　　　图3-139　改造做法二

4. 供气设施改造

（1）城镇老旧小区供气设施现状

① 城镇老旧小区燃气设施的用气点不集中；

② 没有满足安全间距要求，引入管审批困难；

③ 小区内道路狭窄、地下管网密集，地下管网情况无法预测，又造成较大的漏损和耗能浪费。

（2）供气设施改造要求[①]

① 燃气管网改造时，燃气设施性能应符合现行国家标准《城镇燃气技术规范》GB 50494—2009的有关规定，改造后管道、管件、阀门等设备应符合《城镇燃气设计规范》GB 50028—2006的有关规定。当条件允许时，无燃气系统的居住区宜增设燃气系统。

② 城镇老旧小区燃气设备的使用场所应当具有可靠的排风措施，当不能满足要求时，应按照现行国家标准《城镇燃气设计规范》GB 50028—2006进行更新改造。

③ 当居住建筑采用燃气供暖时，宜采用户式燃气炉供暖。户式燃气炉应采用全封闭式燃烧、平衡式强制排烟型。

5. 供热设施改造

（1）城镇老旧小区供热设施现状

---

① 中华人民共和国行业标准. 既有居住建筑节能改造技术规程 JGJ/T 129—2012［S］. 北京：中国建筑工业出版社，2012.

① 日常维护缺失。城镇老旧小区供热管网中的组件，如管道、阀门、支架、表计、保温等，缺乏应有的维护，造成供热设施不同程度的腐蚀与损坏。支架倾斜、错位，保温层破损严重，阀门锈蚀无法开关等，是小区供热中最常见的现象。

② 供热线路施工不规范。由于供热体制改革滞后，个别小区仍是由物业或开发商自行负责供热。在前期供热管线建设过程中，选用管材、保温、补偿器及阀门等材料时，并未按设计要求进行选材。在施工过程中，施工单位偷工减料，未按国家相关标准进行施工，造成施工质量差，致使供热管网及设施在运行过程中存在隐患。

③ 施工成本高。随着市场经济形势的变化，供热管网的施工成本也在逐年递增，城镇老旧小区的物业、业主等往往会因为价格过高而放弃改造施工[①]。

（2）供热设施改造要求

① 严寒与寒冷地区的既有居住建筑节能改造宜以一个集中供热小区为单位，实施全面节能更新改造。供暖系统的室外管网的输送效率低于90%，正常补水率大于总循环流量的0.5%时，应针对降低漏损、加强保温等对管网进行更新改造。

② 室外供热管网循环水泵出口总流量低于设计值时，应根据现场测试数据校核，并在原有基础上进行调节或更新改造。

③ 供热管网的水力平衡度超过0.9～1.2范围时，应予以更新改造，并应在供热管网上安装具有调节功能的水力平衡装置。

④ 当室外供暖系统热力入口没有加装平衡调节设备，导致建筑物室内供热系统水力不平衡，并造成室温达不到要求时，应更新改造或增设调控装置。

⑤ 既有集中供暖系统进行节能更新改造时，设计条件下输送单位热量的耗电量应满足现行行业标准《严寒和寒冷地区居住建筑节能设计标准》JGJ 26—2018的规定。

⑥ 当热源为热水锅炉房时，其热力系统应满足锅炉本体循环水量控制要求和回水温度限值的要求。当锅炉对供水温度和流量的限定与外网在整个运行期对供回水温度和流量的要求不一致时，锅炉房直供系统宜按热源侧和外网配置两级泵系统，且两级水泵应设置变频调速装置，一、二级泵供水管之间应设置连通管。

⑦ 热力站二次网调节方式应与其所服务的户内系统形式相适应。当户内系统形式全部或大多数为双管系统时，宜采用变流量调节方式；当户内系统形式仅少数为双管系统时，宜采用定流量调节方式。

⑧ 室外供热管网更新改造前，应对管道及其保温材料（含外护板等）进行

---

① 建筑技术杂志社 . 老旧小区供热管网改造问题及解决方案［EB/OL］.［2020-09-03］. https://www.sohu.com/a/416444671_120057420.

检查和检修，及时更换损坏的管道阀门及部件。

⑨ 既有供热系统与新建管网系统连接时，宜采用热交换站的方式进行间接连接；当直接连接时，应对新、旧系统的水力工况进行平衡校核[①]。

⑩ 每栋建筑物热力入口处应安装热量表，且热量表宜设在回水管上。

⑪ 建筑物热量表的流量传感器应安装在建筑物热力入口处计量小室内的供水管上，热量表的安装应符合现行相关规范、标准的要求。

⑫ 建筑物热力入口的装置设置应符合下列规定：

a. 同一供热系统的建筑物内均为定流量系统时，宜设置静态平衡阀。

b. 同一供热系统的建筑物内均为变流量系统时，供暖入口宜设自力式压差控制阀。

c. 当供热管网为变流量调节，个别建筑物内为定流量系统时，除应在该建筑供暖入口设自力式流量控制阀外，其余建筑供暖入口仍应采用自力式压差控制阀。

d. 当供热管网为定流量运行，只有个别建筑物内为变流量系统时，若该建筑物的供暖热负荷在系统中只占很小的比例时，该建筑供暖入口可不设调控阀；若该建筑物的供暖热负荷所占比例较大会影响全系统运行时，应在该供暖入口设自力式压差旁通阀。

e. 建筑物热力入口可采用小型换热站系统或混水站系统，且对这类独立水泵循环的系统，可根据室内供暖系统形式在热力入口处安装自力式流量控制阀或自力式压力控制阀。

f. 当系统压差值变化量大于额定值的15%时，室外管网应通过设置变频措施或自力式压差控制阀实现变流量方式运行，各建筑物热力入口可不再设自力式流量调节阀或自力式压差控制阀，改为设置静态平衡阀。

g. 建筑物热力入口的供水干管上设两级过滤器，进入流量计前的回水管上应设置滤网规格不宜小于60目的过滤器。

6. 生活垃圾分类[②]

（1）城镇老旧小区生活垃圾现状

城镇老旧小区普遍存在未实行垃圾分类或垃圾分类不彻底、不规范的现象，并且垃圾桶的摆放、清洗缺乏足够的空间场地，特殊垃圾如大件日常生活用品、建筑垃圾、园林垃圾等无处堆放。

垃圾分为可回收物、有害垃圾、厨余垃圾、其他垃圾、大件垃圾、装修垃圾。

---

① 中华人民共和国行业标准. 既有居住建筑节能改造技术规程 JGJ/T 129—2012 [S]. 北京：中国建筑工业出版社，2012.

② 杭州市生活垃圾管理条例 [EB/OL]. http://wenku.baidu.com/view.html.

1）可回收物：适宜回收和可循环再利用的物品，包括纸类、塑料、金属、玻璃、织物及复合材料等。

2）有害垃圾：城市居民生活垃圾中对人体健康、自然环境造成直接或者潜在危害的物质，如废弃的充电电池（镉镍电池、氧化汞电池、铅蓄电池等）、纽扣电池、荧光灯管（节能灯等）、医药用品、杀虫剂及包装物、油漆及包装物、日用化学品、水银产品等。

3）厨余垃圾：城市居民生活垃圾中的果蔬及食物下脚料、剩菜剩饭、瓜果皮等易腐有机垃圾。

4）大件垃圾：城市居民生活垃圾中体积大、整体性强，或者需要拆分再处理的废弃物品，包括家电和家具等。

5）其他垃圾：城市居民生活垃圾中除可回收物、大件垃圾、有害垃圾和厨余垃圾以外的生活垃圾[①]。

6）装修垃圾：指装饰装修房屋过程中产生的金属、混凝土、砖瓦、陶瓷、玻璃、木材、塑料、石膏、涂料等废弃物。

（2）生活垃圾分类改造要求

垃圾投放点个数根据居民户数换算，平均150户一个四桶投放点，或300户一个六桶投放点。宜设置不少于1处，并设置明显标志；每处的面积一般不小于20m²，服务户数一般不超过1000户，服务半径不宜超过300m，应按照垃圾分类方式要求对应配置厨余垃圾、有害垃圾收集容器。

垃圾投放点必须设置臭氧发生器、LED紫外线消毒灯，地面应做硬化处理，配置给水排水、照明、通风等设施设备，满足卫生、消防、运输等要求，并安排专人进行管理和垃圾分类督导，建立生活垃圾分类投放管理责任人和日常监管人员责任制度。配置厨余垃圾收集容器的空间应定期冲洗，并采取消杀等措施。

垃圾投放点盖板开启方式分为五种：自动感应开启、按钮电动开启、脚踏半自动开启、手拉半自动开启、手推盖板开启。

垃圾投放点原则上沿用改造前垃圾点位，必须增加或更换点位时，应遵循远离居民、便于投放、使用频率高的原则，公示通过后才可增加或更换点位。

垃圾集置点设计标准：

1）确定垃圾容器（桶）数量（只）

① 预测垃圾平均总排出量（t）＝居住人口数量×人均日排出量0.001t×垃圾日排出不均匀系数（1.1～1.15）×居住人口变动系数（1.02～1.05）；

[①] 中华人民共和国行业标准. 城市生活垃圾分类及其评价标准 CJJ/T 102—2016［S］. 北京：中国建筑工业出版社，2004.

② 单体垃圾桶平均存储垃圾量（t）=［0.24×0.8（容器利用系数）×0.55（垃圾平均容重）］/1.2（垃圾容重变动系数）=0.088t；

③ 确定设置数量=预测垃圾平均总排出量/单体垃圾桶平均存储垃圾量。

2）确定垃圾箱房面积（m^2）

① 单体垃圾桶存放面积约0.45m^2；

② 垃圾箱房基本面积=垃圾容器（桶）数量×0.45；

③ 垃圾箱房确需面积=垃圾箱房基本面积+分类面积（5～10m^2）+大件垃圾存放面积（25～35m^2）。

3）建筑设计部分

① 室内外高差根据室外污水管道的标高而定，落差不得大于15cm。

② 室内净高根据周围情况定为2.4～2.7m。

③ 垃圾房分为生活垃圾收集间（包括分类区）及大件垃圾存放间。

④ 垃圾房门采用不锈钢自动卷帘门，门框用混凝土现浇，中间预留卷帘门槽或不锈钢双开门，并设置倒口。

⑤ 垃圾房内铺设防滑性耐磨地砖或做磨光石子，内墙瓷砖贴到顶（瓷砖颜色以淡色为主），顶棚饰黑色涂料。

⑥ 生活垃圾收集间内明铺排水槽，可设置于垃圾房门口一侧或根据需要设内外两侧，地坪根据排水槽方向做倾斜，便于排水，盖板做横档。

⑦ 垃圾房门口底部做檐口。

⑧ 外立面与小区及周边环境相符，外墙涂料须防水。

4）给水排水部分

① 进水一处，设内嵌式水龙头一只，设置于生活垃圾收集间；

② 排水槽接通房外污水管道。

5）电气部分设置电源插座及照明，插座及开关必须安装防水装置。

6）超过5000人的居民区应设置集置点，少于5000人的小区可与相邻区域联合设置。

7）垃圾集置点内地面硬质化，内部应包含清洗功能、排水功能。

8）垃圾集置点原则上沿用改造前垃圾点位，必须增加或更换点位时，应遵循远离居民、运输方便的原则，公示通过后才可增加或更换点位。

（3）生活垃圾分类常见问题与改造做法

① 常见问题：在垃圾分类收集的过程中，小区居民垃圾分类意识淡薄的情况居多（图3-140）。

改造做法：应在小区显著位置设置"生活垃圾分类公示牌"，设置宣传专栏、张贴宣传海报及LED走字屏，宣传垃圾分类工作（图3-141）。

图3-140　生活垃圾分类常见问题一

图3-141　改造做法一

② 常见问题：大件垃圾占绿地严重，在居民生活生产中产生的大件垃圾，普通垃圾投放点放置不了，就会堆放在绿地上，影响小区整体环境美观（图3-142）。

改造做法：在垃圾投放点设置大件垃圾房，并定时清理，保证旧家电和旧家具等大件垃圾有地方储存清理（图3-143）。

图3-142　生活垃圾分类常见问题二

图3-143　改造做法二

③ 常见问题：垃圾堆砌，处理不及时，造成垃圾发酵，气味浓烈，影响小区居民的心情，气味云绕不散（图3-144）。

改造做法：垃圾房通风口尽量避免对着居民楼，设置垃圾桶清洗点，清理垃圾后及时清洗垃圾桶，设置臭氧发生器、LED紫外线消毒灯（图3-145）。

图3-144　生活垃圾分类常见问题三

图3-145　改造做法三

④ 常见问题：居民垃圾分类意识淡薄（图3-146）。

改造做法：在小区显著位置设置"生活垃圾分类公示牌"，设置宣传专栏、张贴宣传海报，宣传垃圾分类工作（图3-147）。

图3-146 生活垃圾分类常见问题四　　　　　图3-147 改造做法四

⑤ 常见问题：老旧小区垃圾分类设施不完善，未进行垃圾分类及定时定点投放，环保人员配备不全（图3-148）。

改造做法：按照垃圾分类要求，补全垃圾桶数量，按规定定时定点投放，配齐环卫工作人员（图3-149）。

图3-148 生活垃圾分类常见问题五　　　　　图3-149 改造做法五

7. 道路改造

（1）城镇老旧小区道路现状

城镇老旧小区道路由于建成时间久，缺乏管理，零碎的管道开挖和不规范修补使得路面坑洼不平，一到下雨便积水严重，不利于居民出行。并且近年来随着生活条件的改善，车辆增多导致车位不足，原本就狭窄的道路无序地停满了车。

（2）道路改造常见问题与改造做法

① 常见问题：道路破损、龟裂、坑洼，严重影响居民日常通行（图3-150）。

改造做法：若仅是面层破损，则清理破损处路面，用相同材质进行修补；若基层破损，需先修复基层，再恢复面层（图3-151）。

图3-150　道路改造常见问题一　　　　　　　图3-151　改造做法一

② 常见问题：原有路面为混凝土道路或土路，日久缺乏维护，导致坑洼、扬尘等一系列问题，影响居民通行（图3-152）。

改造做法：混凝土道路直接在上方铺设沥青；土路需检查是否存在基础，若存在基础，清理表层后铺设沥青，若无基础，则需重新做基础后铺设沥青（图3-153）。

图3-152　道路改造常见问题二　　　　　　　图3-153　改造做法二

③ 常见问题：原有道路宽度无法满足消防需求或日常行车需求（图3-154）。

改造做法：道路拓宽至需要宽度，且需注意路灯、大树、井等（图3-155）。

图3-154　道路改造常见问题三　　　　　　　图3-155　改造做法三

④ 常见问题：原有混凝土道路宽度较窄、流线混乱，且局部出现破损（图3-156）。

改造做法：重新规划流线，并拓宽园路，翻新路面（图3-157）。

图3-156 道路改造常见问题四　　　　图3-157 改造做法四

第二节　完善类改造

一、生活便利类

（一）加装电梯

1. 城镇老旧小区加装电梯需求现状

（1）老旧小区由于建成年代较早，鉴于历史原因普遍未配备住宅电梯。

（2）老旧小区老龄化严重，由于行动不便无法下楼，提高了老年人、残疾人等群体对加装电梯的迫切需求。

2. 加装电梯原则

（1）坚持法律效果、社会效果有机统一，从加装电梯工作实际出发，适应加装电梯工作发展的实际需要，明确老旧小区住宅加装电梯工作遵循"业主主体、社区主导、政府引导、各方支持"的原则，实行"民主协商、基层自治、高效便民、依法监管"的工作机制。

（2）老旧小区住宅需要加装电梯的，申请人应当征求所在单元全体业主意见，经本单元建筑物专有部分面积占比2/3以上的业主且人数占比2/3以上的业主参与表决，并经参与表决专有部分面积3/4以上的业主且参与表决人数3/4以上的业主同意后，签订加装电梯项目协议书。商品房性质的老旧小区住宅加装电梯，需要占用小区范围内业主共有的道路、绿地等公共场所的，应当按照《民法典》

中关于业主共同决定事项的规定执行。

3. 政策条件①

（1）针对公示期间相关利害关系人可能提出实名制书面反对意见这一情况，利用引导相关当事人先行通过友好协商的方式，解决加装电梯过程中的利益平衡、权益受损等事宜，也可委托业主委员会、人民调解组织和其他社会组织等进行协调。自行协商不成的，由属地社区居委会及街道或者乡镇政府通过协调会、听证会等方式组织调解，积极搭建沟通协商平台，尽可能消除意见分歧、达成共识，实现政府引导、居民自治、社会参与的良性互动，打造共建共治共享的社会治理新格局。

（2）为回应老年人、残疾人等群体对加装电梯的迫切需求，鼓励和支持老年人、残疾人居住的老旧小区住宅依法加装电梯，对于该类加梯项目，属地社区居委会及街道或者乡镇政府应当加大调解力度，引导当事人自愿达成调解协议，化解纠纷。

（3）为加快推进加装电梯工作，让改革红利惠及更多群众，对于"老旧小区住宅加装电梯所需的建设、运行使用、维护管理资金由相关业主共同承担"的同时，"市、区、县（市）人民政府可以安排专项资金用于老旧小区住宅加装电梯项目建设、管线迁移等事项的补助"。"业主加装电梯的，可按有关规定申请提取住房公积金和住房补贴"，帮助居民缓解筹集资金压力。"鼓励社会力量通过捐赠、资助、技术服务等方式参与老旧小区住宅加装电梯"，进一步拓宽资金筹集渠道。

4. 一般规定

建筑加装电梯应遵循功能合理、结构安全、对环境影响最小的原则，并应符合下列规定：

（1）既有住宅建筑加装电梯的布置应紧凑经济。

（2）加装电梯应符合城市规划及沿街景观的要求。

（3）不应降低其相邻的幼儿园、托儿所、老年人服务点、中小学教学楼的日照标准。

（4）不应影响居住区道路通行功能，改造做法中的道路宽度应符合现行国家标准《城市居住区规划设计标准》GB 50180—2018的有关规定；当既有道路未达到该规范规定的高度时，不得再减小。

（5）不应影响安全疏散功能，住宅单元安全疏散出口的数量应符合现行国家标准《住宅设计规范》GB 50096—2011的有关规定。

（6）应符合现行国家标准《建筑物防雷设计规范》GB 50057—2010的有关

---

① 杭州市老旧小区住宅加装电梯管理办法（杭州市人民政府令第324号）［S］.

规定。

（7）不应对主要居住房间的窗造成视线干扰。

（8）加装的电梯不应紧邻卧室布置。当受条件限制不得不紧邻卧室布置时，应采取隔声、减震构造措施。

（9）电梯井壁和主体结构连接处、电梯井屋面及电梯井壁的地下部分应采取可靠的防水措施。

（10）加装电梯涉及人防设施改造的，应符合人防设计有关标准的规定。

（11）加装电梯后，楼梯间与候梯厅组合空间的采光窗洞口的窗地面积比不宜低于1/12。

（12）既有住宅加装电梯，当有适老化改造需求时，电梯运行速度不宜大于1.5m/s，电梯门应采用缓慢关闭程序设定或加装感应装置。

（13）候梯厅深度不宜小于轿厢深度，且不应小于1.2m。底层候梯厅室内外高差不应小于0.1m，当不能满足时，应采用具有全天候运行功能的电梯，或在电梯基坑内设置集水坑和排水泵。

（14）加装电梯后，消防车道的设置应满足现行规范要求。当走廊在消防车道上方时，其净高应满足消防车通行的要求，且不小于4m。

（15）加装电梯影响室外管线时，应制定管线移位方案，尽量减少和避免对小区地下总体管线的影响，并报管线所属管理部门审批。

（16）当加装电梯井道未采用耐火极限不小于2h的实体墙时，距离原建筑两侧门、窗、洞口最近边缘的水平距离不应小于1m。

5. 老旧小区加装电梯注意事项

（1）对于已有电梯的小区需勘查电梯性能判别其适用性：

① 老旧小区已设有电梯的应进行安全隐患的排查，及时维修保养；

② 如无法满足正常使用，由特种设备检测机构出具检测意见后，进行更换。

（2）加装电梯结构改造可选用钢结构、混凝土结构或砌体结构，连接形式可选用与既有建筑结构脱开或相连，并应符合下列规定：

① 加装电梯的结构应多方案比选，选用对原结构影响小的结构形式；

② 与既有建筑结构相连接时应进行安全性和抗震鉴定，并考虑连接变形协调及对主体结构的影响；

③ 加装电梯的建筑为砌体结构且当结构整体性不满足鉴定要求时，可采用外加圈梁、构造柱等方法进行加固；

④ 需对既有建筑承重墙体作局部开洞处理时，应对原结构的相关部分作局部承载能力验算，并采取相应的抗震措施；

⑤ 当构件的支撑长度不满足要求或连接不牢固时，可增设支托或采取加强连接的措施；

⑥ 应采用高强度结构材料，新增混凝土构件纵向受力钢筋，应采用不低于400MPa的热轧带肋钢筋或预应力筋；

⑦ 对于老旧小区已设有电梯的应进行安全隐患排查，及时维修保养；

⑧ 对于老旧小区已设有电梯但无法满足正常使用，由特种设备检测机构出具检测意见后，应进行更换。

（3）电梯的选型：

加装电梯型号根据现场条件可选用450kg、620kg、1000kg等。

6. 老旧小区加装电梯存在的问题与改造做法

（1）加装电梯时，楼梯平台预装的电梯入口处存在圈梁（图3-158）

改造做法：采用钢筋混凝土或钢结构玻璃幕墙井道，增设电梯，在立面上与原有建筑融为一体，既不影响美观，又能解决日常居民出行需求（图3-159）。

图3-158　加装电梯常见问题　　　　　图3-159　改造做法

（2）常用户型加装电梯参考图

既有多层住宅加装电梯的平面布置需要考虑的因素很多，比如标准层平面、底层平面（架空层、自行车库、汽车库、商业用房等）、周边环境前后幢、左右单元的相对关系、地面现状（绿化、道路、停车位）、地下管线、既有建筑外立面（外挑阳台、空调板、开窗位置）、既有建筑结构（梁、柱的位置、截面、配筋）、住户需求等等，任何一个因素不同都有可能使电梯的布置完全不同。因此，下述常见户型加装电梯示意图是根据常见情况布置的，仅供参考，设计师应根据实际情况有所调整（图3-160、图3-161）[①]。

---

① 市住建委发布加装电梯技术指南　助力民生工程［EB/OL］. https://baijiahao.baidu.com/s?id=1617700
086680438750&wfr=spider&for=pc.

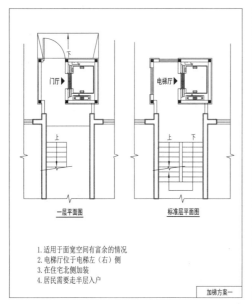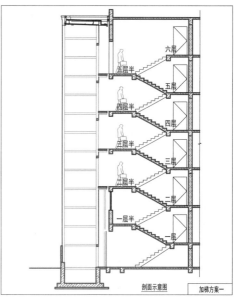

图3-160　加装电梯参考图方案一

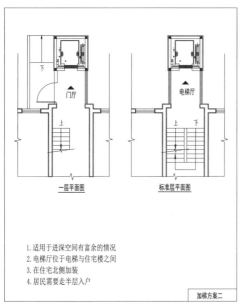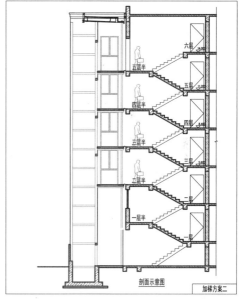

图3-161　加装电梯参考图方案二

（二）照明设施

1. 城镇老旧小区照明设施现状

（1）路灯年久失修，或因其他因素有不同程度的损坏。

（2）路灯点位不足，部分重要路段路灯缺失，基本照明得不到满足。

（3）改造中现状照明无法满足新增的节点或功能场地的基本需求。

2. 一般规定

（1）设计原则

1）照明设施设计应符合城市夜景照明专项规划的要求，并宜与工程设计同步进行。

2）照明设施设计应以人为本，注重整体艺术效果，突出重点，兼顾一般，创造舒适和谐的夜间光环境，并兼顾白天景观的视觉效果。

3）照度、亮度及照明功率密度值应控制在本规范规定的范围内。

4）应合理选择照明光源、灯具和照明方式；应合理确定灯具安装位置、照射角度和遮光措施，以避免光污染。

5）应慎重选择彩色光。与被照对象和所在区域的特征相协调，不应与交通、航运等标识信号灯造成视觉上的混淆。

6）照明设施应根据环境条件和安装方式采取相应的安全防范措施，并不得影响园林、古建筑等自然和历史文化遗产的保护[1]。

（2）照明光源及其电器附件的选择

1）选用的照明光源及其电器附件应符合国家现行相关标准的有关规定。

2）选择光源时，在满足所期望达到的照明效果等要求条件下，应根据光源、灯具及镇流器等的性能和价格，在进行综合技术经济分析比较后确定。

3）照明设计时宜按下列条件选择光源：

① 泛光照明宜采用金属卤化物灯或高压钠灯；

② 内透光照明宜采用三基色直管荧光灯、发光二极管（LED）或紧凑型荧光灯；

③ 轮廓照明宜采用紧凑型荧光灯、冷阴极荧光灯或发光二极管（LED）；

④ 园林、广场的草坪灯宜采用紧凑型荧光灯、发光二极管（LED）或小功率的金属卤化物灯；

⑤ 自发光的广告、标识宜采用发光二极管（LED）、场致发光膜（EL）等低耗能光源；

⑥ 通常不宜采用高压汞灯，不应采用自镇流荧光高压汞灯和普通照明白炽灯。

4）照明设计时应按下列条件选择镇流器：

① 直管荧光灯应配用电子镇流器或节能型电感镇流器。

---

[1] 中华人民共和国行业标准. 城市夜景照明设计规范 JGJ/T 163—2008［S］. 北京：中国建筑工业出版社，2008.

② 高压钠灯、金属卤化物灯应配用节能型电感镇流器；在电压偏差较大的场所，宜配用恒功率镇流器；光源功率较小时可配用电子镇流器。

③ 高强度气体放电灯的触发器与光源之间的安装距离应符合产品的相关规定。

3. 户外公共照明

老旧小区内应完善住宅建筑、配套建筑、公共场地、道路、绿化游园等公共空间的公共照明设施，应按绿色照明要求改造照明系统。公共空间的照明改造应符合现行国家标准《建筑照明设计标准》GB 50034—2013的要求，确定照度标准值、光源及照明灯具要求、保护及控制装置选择。

户外公共照明在老旧小区中可分为两大类：一种是单一照明功能的路灯（图3-162）；另一种是集合照明、广播、监控等多功能于一体的灯柱（图3-163）。

图3-162 单一照明功能的路灯　　　　图3-163 多功能一体的灯柱

4. 小区照明设施常见问题

（1）路灯照明亮度

小区道路应安装路灯，根据道路和环境的特点及照明要求，选择常规照明方式或高杆照明方式，老旧小区内无法保证夜间有足够照明的原因有两点：路灯照度不足与光源亮度不足。

1）路灯照度不足

常见问题：由于路灯高度过高，光源亮度不足时，照明亮度不够，不能满足居民活动需求（图3-164）。

改造做法：根据标准更换LED光源，增加光源亮度，满足现场照明需求（图3-165）。

图3-164　小区照明设施常见问题一

图3-165　改造做法一

2）光源亮度不足

常见问题：路灯照射范围小，不能照亮归家道路，无法满足居民需求（图3-166）。

改造做法：增加路灯点位，可增加在建筑北侧或山墙面，以不影响居民休息为原则，并在新增的停车场、活动场地和集散广场处都要相应地增设（图3-167）。

图3-166　小区照明设施常见问题二

图3-167　改造做法二

（2）路灯损坏

路灯损坏有两种情况：灯泡损坏与灯杆倒伏。

1）灯泡损坏

常见问题：路灯使用率高，后期维护不到位，灯泡损坏后未能及时更换，使得路灯无法正常使用（图3-168）。

改造做法：更换LED灯源即可（图3-169）。

2）灯杆倒伏

常见问题：灯杆因多种原因倒伏（图3-170）。

改造做法：需检查路灯倒伏情况，若是与基础一起整体拔起，重新浇筑基础安装即可，若是灯杆被物理损伤或连接处锈蚀导致的倒伏，则需要更换灯杆（图3-171）。

图3-168 小区照明设施常见问题三

图3-169 改造做法三

图3-170 小区照明设施常见问题四

图3-171 改造做法四

（3）灯柱

结合小区实际情况，完善和增设庭院灯、草坪灯等景观环境照明设施，鼓励采用多功能景观灯柱等新型设施设备。

1）多功能景观灯柱可包含的功能有：照明、广播、监控、WIFI、紧急呼叫、续航、驱蚊等（图3-172、图3-173）。

2）多功能景观灯柱的续航一般存在三种情况：① 太阳能发电；② 风能发电；③ 连接电路。

图3-172 多功能景观灯一

图3-173　多功能景观灯二

5. 建筑照明设施常见问题

（1）楼道照明

① 楼道内应设置LED感应灯、应急照明灯、消防疏散指示灯；

② 单元门口要增加相应的照明设施，对居民起到归家引导作用。

（2）常见问题：老旧小区楼道内普通照明设施破坏严重，且未设置应急照明灯和消防疏散指示灯（图3-174）。

改造做法：更换LED感应灯并重新安装应急照明灯及消防疏散指示灯，保证楼道照明需求（图3-175）。

图3-174　建筑照明设施常见问题一

图3-175　改造做法一

（3）常见问题：老旧小区单元出入口未设置照明设施或照明设施破损严重，已无法使用（图3-176）。

改造做法：在单元出入口重新优化的过程中增加相应的照明设施，宜采用LED感应灯保证楼道照明需求（图3-177）。

图3-176　建筑照明设施常见问题二　　　　图3-177　改造做法二

（三）停车设施①

1. 现状问题

（1）停车不规范导致安全通道占用。

（2）车位不足，无法满足居民基本需求。

（3）新能源汽车无处充电。

（4）残障人士在停车问题上未得到良性关怀。

2. 停车场地规范

（1）结合道路改造，统筹梳理小区内的停车设施与行车通道的关系，及其与外部道路交通的关系，使车辆进出通畅、线路短捷，应在不影响交通秩序和消防应急救援的前提下，预留合理通行宽度，使车辆进出顺畅，减少车辆间的交叉干扰。整顿机动车库（位）使用秩序，恢复车库停车功能；并挖潜停车泊位，优化车位布局。

（2）根据现状条件对已有机动车停车场地进行调整与再利用规划，优化提升原有机动车停车场地。根据小区的规划布局形式、环境特点及用地的具体条件，采用集中为主、分散为辅的机动车停车系统。

（3）公共区域停车位实行共享，先到先停，严禁私划私占；机动车、非机动车停放区域集中划线，完善标识，统一管理。

---

① 中华人民共和国国家标准. 城市停车规划规范 GB/T 51149—2016［S］. 北京：中国建筑工业出版社，2016.

（4）应充分高效地整合利用架空层、地下及半地下空间、优化地面空间布局等多种方式增建机械车库或地下、半地下智能式机、非停车库，缓解居民的停车需求。

（5）在征求大部分业主同意的情况下，可通过绿化占补平衡，改造绿化用地和低效空置用地以用于增加停车位。

（6）可适当将绿地改成生态停车位，有条件的区块可改造为机械立体停车设施（图3-178）。

图3-178　生态停车位及机械立体停车设施

3. 停车管理办法

（1）室外停车较多的小区宜设置车辆出入管理系统，可通过网络搭建车辆出入、车流引导、停车收费的智能系统（图3-179）。

（2）街道或社区可统筹推动居住区与邻近区域停车设施建立停车泊位错时共享机制和停车共享信息平台，实现整合老旧社区、周边企事业单位、邻近居住区停车资源的共享（图3-180）。

图3-179　车辆出入管理系统　　　图3-180　停车泊位错时共享机制和
　　　　　　　　　　　　　　　　　　　　　　　停车共享信息平台

4. 停车位设置

（1）由于老旧小区空间有限，道路拓宽受到大树、路灯、监控、井盖等因素制约，道路一侧的机动车停车位无法全部按照最大停车位尺寸划线，因此，特殊情况下侧停停车位最小规格可设置为2m×5m（图3-181）。

（2）集中设置的停车场应设置新能源汽车停车位，宜增设新能源汽车充电桩或预留电动汽车充电桩位，充电桩的安装应符合相关标准（图3-182）。

（3）老旧小区中老年人或肢体残障人士占有一定比例，应设置一定比例的无障碍停车位及一定数量的残疾人助力车车位，设置无障碍停车位应考虑均好性，设置残疾人助力车车位应预先调研肢体残疾人所住楼栋，在其楼下就近设置残疾人助力车位（图3-183）。

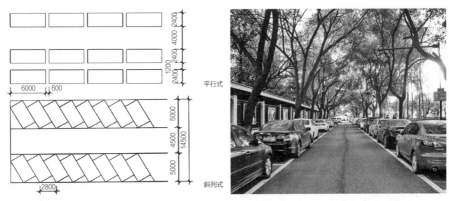

图3-181　侧停停车位

图3-182　新能源汽车充电桩

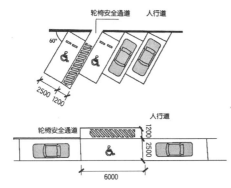

图3-183　无障碍停车位

5. 小区停车设施常见问题

（1）常见问题：因老旧小区停车空间有限，导致出现许多不规范停车，导致安全通道占用，影响居民出行（图3-184）。

改造做法：统筹梳理小区内的停车设施与行车通道的关系，在不影响交通秩序和消防应急救援的前提下，预留合理通行宽度，使车辆进出顺畅，减少车辆间的交叉干扰（图3-185）。

（2）常见问题：因老旧小区住户较多，车位数量不足，无法满足居民停车的基本需求（图3-186）。

改造做法：在征求大部分业主同意的情况下，可通过绿化占补平衡，挖潜停泊车位，适当将绿地改成生态停车位，有条件可改造为机械立体停车设施（图3-187）。

图3-184 小区停车设施常见问题一

图3-185 改造做法一

图3-186 小区停车设施常见问题二

图3-187 改造做法二

（3）常见问题：因老旧小区未能及时设置新能源充电桩，导致小区内部分新能源汽车无处充电（图3-188）。

改造做法：在集中停车场地增设新能源汽车充电桩或预留电动汽车充电桩位（图3-189）。

（4）常见问题：老旧小区有一定比例的残障人士与行动不方便的老人，在停车上没有得到人文关怀（图3-190）。

改造做法：设置无障碍停车位，考虑均好性，在设置残疾人助力车车位前预先调研肢体残疾人所住楼栋，在其楼下就近设置残疾人助力车位（图3-191）。

（5）常见问题：老旧小区缺少车辆、车位管理系统，导致车位管理不到位（图3-192）。

改造做法：设置车辆出入管理系统，通过网络搭建车辆出入、车流引导、停车收费的智能系统（图3-193）。

图3-188　小区停车设施常见问题三

图3-189　改造做法三

图3-190　小区停车设施常见问题四

图3-191　改造做法四

图3-192　小区停车设施常见问题五

图3-193　改造做法五

6. 非机动车库（棚）

（1）现状问题

1）非机动车库（棚）年久失修，存在不同程度的损坏状况。

2）非机动车库（棚）未安装消防设施，存在安全隐患。

3）非机动车库（棚）未设置灭火器材、监控等设施。

（2）非机动车库（棚）规划

1）根据地区特点和老旧小区实际需求，对非机动车停车设施进行改造或增设。非机动车停放设施或停放点宜集中和分散布置相结合，服务半径不应大于150m。

2）有非机动车停放设施的居住区宜增设有遮挡设施的非机动车库（棚），停车棚不得影响周边居民住宅的通风和采光，宜采用轻型材质建造，色彩与周边建筑协调。

3）非机动车库（棚）应设置消防喷淋，非机动车库（棚）应设置充电设施、灭火器、监控设施，在保证充电安全的前提下满足居民正常使用需求。

4）非机动车库（棚）可与宣传栏相结合。

（3）非机动车库（棚）常见问题

1）常见问题：由于老旧小区非机动车库（棚）使用年数较久，存在不同程度的损坏状况（图3-194）。

改造做法：根据地区特点和老旧小区实际需求，对非机动车停车设施进行改造或翻新（图3-195）。

图3-194 非机动车库（棚）常见问题一　　　　图3-195 改造做法一

2）常见问题：老旧小区非机动车库（棚）未设置消防系统、监控系统，存在安全隐患（图3-196）。

改造做法：在非机动车库（棚）改造和增设时考虑到消防问题，应设置灭火器，有条件时设置消防喷淋，并装上监控（图3-197）。

3）常见问题：老旧小区非机动车库（棚）往往缺少充电设施，电动车无处充电（图3-198）。

改造做法：引进第三方商家，在非机动车库（棚）改造时安装或者预留电源设施接口（图3-199）。

图3-196 非机动车库（棚）常见问题二

图3-197 改造做法二

图3-198 非机动车库（棚）常见问题三

图3-199 改造做法三

（四）智能快递柜

1. 现状问题

（1）现状老旧小区内未设置快递设施。

（2）小区内快递设施数量无法满足居民日常需求。

（3）单元门口信报箱年久失修，存在不同程度的损坏或缺失。

2. 一般规定

（1）小区应设置信报箱，且信报箱的设置应满足以下要求：

1）信报箱应按照《城市居住区规划设计标准》GB 50180—2018公共服务设施配建控制指标的相关要求，满足寄递服务投递和寄递渠道安全需求。

2）根据小区户数确定信报箱格口数量，原则上不低于总户数25%。小区内已有由第三方公司设置和运营的智能物流终端的，可适当减少格口数量。户数低于300户的，可以考虑邻近小区连片集中设置信报箱[①]。

（2）老旧小区改造中应设置智能快递柜（图3-200）或预留设置位置和管线接口。

---

① 河北省住房和城乡建设厅. 关于印发《河北省老旧小区改造技术导则》的通知（冀建房〔2018〕14号）〔EB/OL〕.〔2018-09-25〕. http://zfcxjst.hebei.gov.cn/xgzz/fcc/tfwj_1_1001/201810/t20181015_240502.html.

有条件的小区可建设邮政快递综合服务场所（图3-201），提供邮件、快件收寄、投递及其他便民服务，并可安装智能快件箱等自助服务设备，预留电源及网络接口，并纳入社区公共基础设施管理。

图3-200　智能快递柜

图3-201　邮政快递综合服务场所

3. 快递设施点位设置

增设邮件与快递送达设施，宜设置在人流出入便捷处，例如，一层楼道、单元入口两侧、底层架空、绿地边缘或小区入口附近等区域，可结合门卫、收发室、超市或便利店等联合设置。

快递柜宜配置风雨遮挡设施（图3-202）。设置有困难的可相邻小区合设一处智能快递柜。

4. 投递智能化

宜将传统的信报箱进行升级改造，打造智能信报箱系统，建成便民服务末端平台（图3-203）。

图3-202　挡雨设施

图3-203　便民服务末端平台

5. 小区智能快递柜常见问题

（1）常见问题：许多老旧小区未设置智能快递柜，导致快递堆积，影响空间景观效果（图3-204）。

改造做法：提升场地景观环境空间，修复破损地面，恢复场地功能（图3-205）。

（2）常见问题：老旧小区快递设施老旧破损，导致部分快递柜无法正常使用。快递柜数量也无法满足居民的日常需求（图3-206）。

改造做法：改造快递柜，快递柜设置在挡雨处，没有条件的可在快递柜上方安装雨棚。增加快递柜数量，使快递有处可放（图3-207）。

（3）常见问题：单元门口信报箱年久失修，存在不同程度的损坏或缺失（图3-208）。

改造做法：有条件的小区可建设邮政快递综合服务场所，提供邮件、快件收寄、投递及其他便民服务（图3-209）。

图3-204 快递改造常见问题一

图3-205 改造做法一

图3-206 快递改造常见问题二

图3-207 改造做法二

图3-208 快递改造常见问题三

图3-209 改造做法三

（五）建筑四小件

老旧小区改造中的建筑附属品统称为建筑小件，其中最常见的四小件分别为雨棚、晾衣架、空调外机罩、保笼。

1. 雨棚改造

（1）城镇老旧小区雨棚加装需求

老旧小区中雨棚能起到遮挡雨水、雪、上层住户晾衣产生的废水作用，为老旧小区居民生活带来便利。

（2）城镇老旧小区雨棚改造现状

老旧小区现存雨棚存在破损、颜色出挑不统一等情况，影响居民使用且破坏老旧小区整体立面形象。

（3）城镇老旧小区雨棚设计要求

1）整治的住宅宜统一加设阳台及房间窗户雨棚。原建筑设有固定雨棚设施的不加设；厨房、卫生间等辅助用房的窗户可根据需要加设。

2）雨棚凸出墙面宽度不应超过60cm；雨棚应结合设置固定晾衣杆，固定晾衣杆的长度不得超出雨棚范围。

3）雨棚上盖材料宜采用铝板或耐力板；骨架及装饰材料应采用不锈钢或铝合金。

4）雨棚形式可根据立面风格变化，主要以简洁形式为主。历史街区附近的雨棚应符合周边建筑色彩的控制，不得使用太艳丽的颜色。

（4）城镇老旧小区雨棚常见问题

常见问题：老旧小区建筑外立面雨棚破损占比高、色系与建筑融合度不高（图3-210）。

改造做法：统一更换现有雨棚，在满足雨棚功能前提下与建筑立面相协调（图3-211）。

图3-210　雨棚常见问题　　　　　　图3-211　改造做法

1）雨棚凸出墙面深度不宜超过60cm（图3-212）。

2）固定晾衣杆的长度不宜超出雨棚范围（图3-213）。

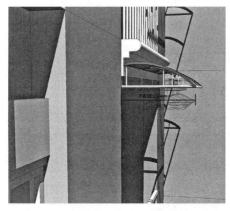 

图3-212 雨棚突出墙面宽度   图3-213 固定晾衣杆的长度

2. 晾衣架改造

（1）城镇老旧小区晾衣架加装需求

老旧小区晾衣空间有限，向阳阳台增设可折叠式晾衣架可以解决大部分居民的晾晒需求。

（2）城镇老旧小区晾衣架改造现状

老旧小区现存晾衣架样式繁多、腐蚀严重、分布随意且使用率不高，影响老旧小区立面整体形象。

（3）城镇老旧小区晾衣架改造设计要求

①墙面外挂晾衣架应整齐有序。

②晾衣架长度不得超过房间正面宽度，不符合要求应整改。

③横杆高度不得超过窗台高度，不符合要求应整改。

④安装处房间开间在4m以下的，伸缩式晾衣架统一长度2.5m。

⑤房间开间4m以上的，伸缩式晾衣架长度可加长到3m；开间不足2.5m的按实际情况缩短晾衣架长度。

⑥宜对改造住宅统一更换伸缩式晾衣架，晾衣架必须使用防锈材料。原则上每户安装一处晾衣架。如南侧有两个以上阳台的可以安装两处伸缩式晾衣架，但不得超过两个。

⑦晾衣架形式可根据立面风格变化，颜色不宜出挑，与建筑融合度高。古城范围内应以深咖、深灰、棕色为主。

（4）城镇老旧小区晾衣架改造常见问题

常见问题：老旧小区存在晾衣架锈蚀与未安装晾衣架的情况，影响居民日常晾晒需求（图3-214）。

改造做法：统一更换现有雨棚，在满足雨棚功能的前提下与建筑立面相协调（图3-215）。

①开间在4m以下晾衣杆长度2.5m；

②开间在4m以上晾衣杆长度3m（图3-216）。

图3-214　晾衣架改造常见问题　　　　图3-215　改造做法

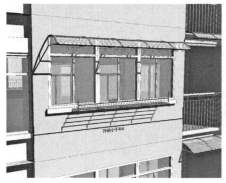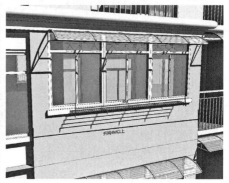

图3-216　晾衣杆长度

3. 保笼改造

（1）城镇老旧小区保笼加装需求

老旧小区增设保笼可以起到保护居民人身财产的作用。

（2）城镇老旧小区保笼改造现状

老旧小区保笼样式不一，破坏建筑立面整体形象，在当下社会全域监控系统完善的情况下不建议新增保笼。

（3）城镇老旧小区保笼改造设计要求

①在完善小区安防设施的情况下，应争取居民自行拆除保笼。

②保笼形式宜优先选用隐形防盗网；颜色不宜出挑，应与周围建筑融合度高。

③外凸的保笼必须改为贴窗平保笼。

④ 有晾晒、进出检修设备、消防窗口等需求的平保笼应设置可开启扇。

⑤ 保笼材料应选用304不锈钢，钢管壁厚在0.8mm以上。

（4）城镇老旧小区保笼改造常见问题

常见问题：老旧小区现存凸保笼过多，破坏建筑外立面的整体形象，同时对消防救援产生影响（图3-217）。

改造做法：在符合整改原则的情况下，对现有的凸保笼进行整改，使其贴窗或对其拆除（图3-218）。

图3-217　保笼改造常见问题	图3-218　改造做法

4. 空调机罩改造

（1）城镇老旧小区空调机罩加装需求

老旧小区增设空调外机罩提升建筑立面整体形象，条件允许下可展示小区文化输出。

（2）城镇老旧小区空调机罩改造现状

老旧小区现存空调外机罩排列无序，影响老旧小区建筑外立面整体形象。

（3）城镇老旧小区空调机罩改造设计要求

① 空调支架与主体结构之间、遮挡装饰与主体结构之间、空调外机与支架之间必须有可靠连接。

② 空调机罩应统一，机罩的样式、材质、色彩等应注意与外立面协调；宜采用穿孔铝板或铝方管等材料。

③ 空调遮挡装饰应考虑空调外机的维修和更换需求，遮挡后外机取放不便的应进行可开合设计，并保证闭合状态牢固安全。遮挡装饰本体杆件之间的连接应稳固耐久。

④ 靠近店招部分，应与店招结合设计，不影响路人通行。

⑤ 对冷凝水未接入雨水管的空调外机统一增设竖向主管，相邻空调外机可通用一根主管，分布两侧且移位困难的，可增设单独主管。

⑥ 设备平台改造应符合该地区住宅的相关规定。

（4）城镇老旧小区空调机罩改造常见问题

常见问题：老旧小区空调外机排序凌乱，破坏建筑外立面的整体形象（图3-219）。

改造做法：规整空调外机并统一加装空调外机罩，提升小区立面效果和统一性（图3-220）。

图3-219　空调外机常见问题　　　　　　图3-220　改造做法

二、改善型生活需求

（一）绿化改造

小区绿化常见问题：

① 高大乔木肆意生长，对居民采光通风影响严重。

② 中层亚乔距离建筑过近，影响居民采光通风。

③ 下层灌木木质化严重，严重影响小区景观。

④ 底层黄土裸露情况严重。

1. 绿化分类

居住区内绿地包括公共绿地、宅旁绿地、配套公建所属绿地和道路绿地（图3-221）。小区绿地应根据小区现状进行合理改造。

2. 绿化改造原则

（1）根据老旧小区空间条件和居民的实际需求，兼顾易于管理、不易侵占等因素，综合考虑小区其他功能用地与绿化公共空间用地的需求和平衡关系，配合道路及停车场地改造，合理组织绿化及公共空间设计。

（2）绿地改造时，宜采用点、线、面结合的方式增加公共绿化面积和绿量，绿地率不宜低于25%，集中绿地面积不宜低于0.35m²/人。

图3-221 居住区内绿地

（3）不得对居民生活造成影响，建筑底层外围的绿化应考虑不遮挡底层住宅采光。

（4）小区内具有良好生态价值的原有树木和植被应予以保护。保护好现有长势良好的植物，缺损树木需要补植的以乔木、灌木为主，对严重影响居住采光、通风、安全的树木，管护单位应当按照有关技术规范及时组织修剪。

（5）绿化植物应选择适应本地气候、土壤条件、维护成本低、存活率高的植栽品种，宜选择无刺、无飞絮、无毒、无花粉污染、不易导致过敏的植物种类。植物配置宜突出植物季相景观变化，形成群落结构多样、乔灌花草合理搭配的植物景观。儿童游乐区严禁配置有毒、有刺等易对儿童造成伤害的植物。

（6）道路、广场和室外停车场周边宜种植遮阴效果明显的高大乔木。下凹式绿地内宜选择耐淹、耐污能力较强的植物品种。当条件允许时，道路夏季遮阴率宜大于70%，广场和停车场宜大于30%。

（7）绿地和景观灌溉系统应采用节水灌溉技术，如滴灌和微喷系统等。

（8）充分利用现有空隙与边角地带，广种花草，实施"见缝插绿"。

3. 街巷（小区路）绿化

对于现状街巷空间狭小、不具备公共开放空间的街巷式小区，应根据街巷宽度采取不同的绿化提升措施。其中重点提升宅旁绿化，并整饬相关外围街道绿化，对于空间确实有限的区域则以界面绿化形式替代。街巷绿化布置方式建议如下：

（1）街巷宽度大于6m，宜采用双边绿化的形式（图3-222）。

（2）街巷宽度大于3m且小于6m，宜采用单边绿化的形式（图3-223）。

（3）街巷宽度小于3m，原则上不宜进行宅旁绿化，避免阻碍行人通行，建议结合楼栋出入口设置花池或窗间墙进行界面绿化（图3-224）。

图3-222　双边绿化

图3-223　单边绿化

图3-224　花池或窗间墙界面绿化

4. 小区绿化常见问题

（1）常见问题：植物配置中只有地被和乔木，组合形式过于简单，缺少层次

（图3-225）。

改造做法：增加色叶类、开花类、亚乔类、灌木等植物，使得季相分明，有四季变化（图3-226）。

（2）常见问题：因缺少维护或存在人为破坏，导致地被植物稀少、黄土裸露（图3-227）。

改造做法：补种色叶类、开花类灌木，使其复绿，提升空间景观效果（图3-228）。

图3-225　小区绿化常见问题一　　　图3-226　改造做法一

图3-227　小区绿化常见问题二　　　图3-228　改造做法二

（3）常见问题：植物品种不适应现状环境或养护不当，导致灌木老化（图3-229）。

改造做法：对老化的灌木进行清理，重新种植不同品种的灌木小苗（图3-230）。

（4）常见问题：老旧小区树木长势较好，缺少维护修剪，导致遮挡住户阳光，影响通风（图3-231）。

改造做法：场地内的乔木进行轻修剪，在保证不遮挡底层住户采光的基础上提升植物景观效果（图3-232）。

（5）常见问题：宅旁绿地改造时，绿地空间被居民设置构筑物或是堆砌废旧杂物等（图3-233）。

改造做法：拆除占绿、毁绿的违章建（构）筑物，私自硬化或种菜的应恢复为绿化和公共空间功能（图3-234）。

图3-229　小区绿化常见问题三

图3-230　改造做法三

图3-231　小区绿化常见问题四

图3-232　改造做法四

图3-233　小区绿化常见问题五

图3-234　改造做法五

（6）常见问题：小区绿化场地砍伐古树名木（图3-235）。

改造做法：严禁砍伐或移植，保护范围内不得损坏表土层，不得设置构筑物，可采取保护性栅栏，设立保护标牌和介绍牌明令保护（图3-236）。

（7）常见问题：场地内现存部分长势较差的植物，形态不够优美或是枝叶枯死（图3-237）。

改造做法：对场地内一些长势不好或枯死的乔木进行移除处理（图3-238）。

图3-235 小区绿化常见问题六

图3-236 改造做法六

图3-237 小区绿化常见问题七

图3-238 改造做法七

（二）海绵城市

1. 现状问题

小区内缺乏海绵城市建设。

2. 改造做法

（1）有条件的小区应融入海绵城市理念，通过"渗、滞、蓄、净、用、排"等途径，根据小区实际，采用适合的低影响开发雨水控制与利用措施进行改造。

（2）根据杭州市海绵城市建设相关专项规划、实施方案明确地块年径流量总量控制率、径流污染削减率、内涝防治标准等指标，确保老旧小区海绵化改造的低影响开发雨水系统设计标准。

（3）路面、停车场、步行及车行道、广场、庭院宜采用生态排水设计，雨水应首先汇入道路绿化及周边绿地内的低影响开发设施。

（4）道路、广场绿地宜采用下沉式做法，并将雨水引入道路绿化带及周边绿地内（图3-239）。

（5）除机动车道外的硬化地面和人行步道宜采用透水材料路面。

（6）小区绿地改造中宜关注合理利用雨水资源，结合雨落管改造和竖向设计，提供雨水滞留、缓释空间，就地消纳自身雨水径流（图3-240）。

图3-239　下沉式绿地

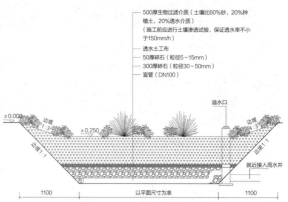

图3-240　雨水滞留、缓释空间设计

（三）建筑节能

1. 一般规定

（1）各市、区以及国家级示范区对具备建筑围护结构节能改造条件的老旧小区，可同步进行建筑围护结构节能改造，符合既有居住建筑节能改造相关标准规定。

（2）老旧小区建筑节能改造应根据国家现行有关居住建筑节能设计标准，如：《公共建筑节能设计标准》GB 50189—2015、《夏热冬冷地区居住建筑节能设计标准》JGJ 134—2010、《夏热冬暖地区居住建筑节能设计标准》JGJ 75—2012、《严寒和寒冷地区居住建筑节能设计标准》JGJ 26—2018和《温和地区居住建筑节能设计标准》JGJ 475—2019。遵循因地制宜、合理适用的原则，改造技术措施应充分考虑各地区气候特点、经济、技术条件，根据实际选择适宜技术进行全面节能改造或部分节能改造。改造内容包括建筑围护结构节能改造、可再生能源利用。

（3）既有居住建筑实施节能改造前，应先进行节能评估，并根据节能评估的结果，制定全面的或部分的节能改造方案。

（4）围护结构节能改造方案应确定外墙、屋面等保温层的厚度，并计算外墙平均传热系数和屋面传热系数，确定外窗、单元门、户门传热系数。对外墙、屋面、窗洞口、周边（非周边）地面等可能形成热桥的构造节点，加强构造措施，避免室内表面结露。建筑的变形缝、地下室及外挑楼板应采取合理保温措施。

（5）改造或新增设的节能材料应进行性能检测，确保达到相应节能标准和消防安全标准。

（6）当外墙外保温系统或屋面保温需全部铲除并重新铺设，或需新增外墙外保温系统或屋面保温系统时，其防火性能应符合国家现行标准《建筑设计防火规范》GB 50016—2014的规定。

2. 外墙外保温

（1）基本原则[①]

① 既有居住建筑外墙节能改造工程的设计应兼顾建筑外立面的装饰效果，并应满足墙体保温、隔热、防火、防水等的要求。

② 既有居住建筑外墙节能改造工程应优先选用安全、对居民干扰小、工期短、对环境污染小、施工工艺便捷的墙体保温技术，并宜减少湿作业施工。

③ 既有居住建筑节能改造应制定和实行严格的施工防火安全管理制度。外墙改造采用的保温材料和系统应符合国家现行有关防火标准的规定。

④ 既有居住建筑节能改造不得采用国家明令禁止和淘汰的设备、产品和材料。

（2）性能要求

① 外保温系统经耐候性试验后，不得出现空鼓、剥落或脱落、开裂等破坏，不得产生裂缝、渗水；外保温系统拉伸粘结强度应符合表3-5的规定，且破坏部位应位于保温层内。

② 外保温系统其他性能应符合表3-6的规定。

外保温系统拉伸粘结强度 表3-5

检验项目	粘贴保温板薄抹灰外保温系统、EPS板现浇混凝土外保温系统	胶粉聚苯颗粒保温浆料外保温系统	胶粉聚苯颗粒浆料贴砌EPS板外保温系统、现场喷涂硬泡聚氨酯外保温系统
拉伸粘结强度	≥0.10	≥0.06	≥0.10

外保温系统其他性能 表3-6

检验项目	性能要求
耐冻融性	30次冻融循环后，系统无空鼓、剥落、无可见裂缝；拉伸粘结强度符合相关规范的规定
抗冲击性	建筑物首层墙面及门窗口等易受碰撞部位：10J级；建筑物二层及以上墙面：3J级
吸水量	≤500g/m²
热阻	符合设计要求
抹面层不透水性	2h不透水
防护层水蒸气渗透阻	符合设计要求

注：当需要检验外保温系统抗风荷载性能时，性能指标和试验方法由供需双方协商确定。

[①] 中华人民共和国行业标准. 既有居住建筑节能改造技术规程 JGJ/T 129—2012［S］. 北京：中国建筑工业出版社，2012.

（3）设计与施工

1）设计：

① 当外保温工程设计选用外保温系统时，不应更改系统构造和组成材料。

② 外保温工程保温层内表面温度应高于0℃。

③ 外保温工程水平或倾斜的出挑部位以及延伸至地面以下的部位应做防水处理。门窗洞口与门窗交接处、首层与其他层交接处、外墙与屋顶交接处应进行密封和防水构造设计，水不应渗入保温层及基层墙体，重要节点部位应有详图。穿过外保温系统安装的设备、穿墙管线或支架等应固定在基层墙体上，并应做密封和防水设计。基层墙体变形缝处采取防水和保温构造处理。

④ 外保温工程应进行系统的起端、终端以及檐口、勒脚处的翻包或包边处理。装饰缝、门窗四角和阴阳角等部位应设置增强玻纤网。

⑤ 外保温工程的饰面层宜采用浅色涂料、饰面砂浆等轻质材料。当需采用饰面砖时，应依据国家现行相关标准制定专项技术方案和验收方法，并应组织专题论证。

⑥ 外保温工程除应符合相关标准的规定外，其保温材料的燃烧性能尚应符合现行国家标准《建筑设计防火规范》GB 50016—2014的规定。

⑦ 当薄抹灰外保温系统采用燃烧性能等级为B1、B2级的保温材料时，首层防护层厚度不应小于15mm，其他层防护层厚度不应小于5mm且不宜大于6mm，并应在外保温系统中每层设置水平防火隔离带。防火隔离带的设计与施工应符合国家现行标准《建筑设计防火规范》GB 50016—2014和《建筑外墙外保温防火隔离带技术规程》JGJ 289—2012的规定。

⑧ 当严寒和寒冷地区外保温无法施工或历史建筑、保护建筑需要保持原有建筑外观风貌的，可采用适宜的内保温技术。

2）施工：

① 外保温系统的各种组成材料应配套供应。采用的所有配件应与外保温系统性能相容，并应符合国家现行相关标准的规定。

② 除采用EPS板现浇混凝土外保温系统和EPS钢丝网架板现浇混凝土外保温系统外，外保温工程的施工应在基层墙体施工质量验收合格后进行。

③ 除采用EPS板现浇混凝土外保温系统和EPS钢丝网架板现浇混凝土外保温系统外，外保温工程施工前，外门窗洞口应通过验收，洞口尺寸、位置应符合设计要求和质量要求，门窗框或辅框应安装完毕。伸出墙面的消防梯、水落管、各种进户管线和空调器等的预埋件、连接件应安装完毕，并应按外保温系统厚度留出间隙。

④ 外保温工程的施工应编制专项施工方案并进行技术交底，施工人员应经过培训并考核合格。

⑤ 保温层施工前，应进行基层墙体检查或处理。基层墙体表面应洁净、坚实、平整，无油污和脱模剂等妨碍粘结的附着物，凸起、空鼓和疏松部位应剔除。基层墙体应符合现行国家标准《混凝土结构工程施工质量验收规范》GB 50204—2015及《砌体结构工程施工质量验收规范》GB 50203—2011的要求。

⑥ 当基层墙面需要进行界面处理时，宜使用水泥基界面砂浆。

⑦ 采用粘贴固定的外保温系统，施工前应按规定做基层墙体与胶粘剂的拉伸粘结强度检验，拉伸粘结强度不应低于0.3MPa，且粘结界面脱开面积不应大于50%。

⑧ 外保温工程施工应符合下列规定：

a. 可燃、难燃保温材料的施工应分区段进行，各区段应保持足够的防火间距；

b. 粘贴保温板薄抹灰外保温系统中的保温材料施工上墙后应及时做抹面层；

c. 防火隔离带的施工应与保温材料的施工同步进行。

⑨ 外保温工程施工现场应采取可靠的防火安全措施且应满足国家现行标准的要求，并应符合下列规定：

a. 在外保温专项施工方案中，应按国家现行标准要求，对施工现场消防措施作出明确规定；

b. 可燃、难燃保温材料的现场存放、运输、施工应符合消防的有关规定；

c. 外保温工程施工期间现场不应有高温或明火作业。

⑩ 外保温工程施工期间的环境空气温度不应低于5℃。5级以上大风天气和雨天不应施工。

⑪ 外保温工程完工后应对成品采取保护措施。

⑫ 外墙节能改造应做好相关节点部位的保温构造处理：

a. 外墙的热桥部位应进行保温处理。

b. 变形缝应进行保温处理和变形缝构造修复处理。

c. 女儿墙、檐口、勒脚等部位应处理好保温与防水构造细节。

d. 阳台等外挑楼板及架空楼板处应采取合理保温措施。

e. 应对穿外墙的管线和孔洞进行有效封堵密闭处理。

（4）修缮

1）当外墙外保温系统修复部位为勒脚、门窗洞口、凸窗、变形缝、挑檐、女儿墙、外墙与架空或外挑楼板交接处等部位时，应进行节点设计。

2）外墙外保温系统的修复部位宜采用与原外保温系统相同的构造形式，新旧材料之间应合理结合，且修复部位饰面层颜色、纹理宜与未修复部位一致。

3）建筑外墙外保温系统修缮，应符合现行国家标准《建筑外墙外保温系统修缮标准》JGJ 376—2015的规定。

4）建筑外墙外保温系统修缮可根据外保温系统的缺陷类型、缺陷面积和程度等，选择局部修缮或单元墙体修缮。

5）建筑外墙外保温系统单元墙体修缮时，修缮墙面与相邻墙面网格布之间应搭接、包转，搭接长度不应小于200mm。

3. 屋面保温

（1）基本原则

屋面进行节能改造时，结合屋面防水改造进行，防水工程应符合现行国家标准《屋面工程技术规范》GB 50345—2012的有关规定。

（2）性能要求

① 具有良好的排水功能和阻止水侵入建筑物内的作用；

② 冬季保温减少建筑物的热损失和防止结露；

③ 夏季隔热降低建筑物对太阳辐射热的吸收；

④ 适应主体结构的受力变形和温差变形；

⑤ 承受风、雪荷载的作用不产生破坏；

⑥ 具有阻止火势蔓延的性能；

⑦ 满足建筑外形美观和使用的要求；

⑧ 板状保温材料主要性能指标应符合表3-7的要求；

⑨ 纤维保温材料主要性能指标应符合表3-8的要求；

⑩ 现浇泡沫混凝土主要性能指标应符合表3-9的要求。

板状保温材料主要性能指标　　　　表3-7

项目	指 标						
	聚苯乙烯泡沫塑料		硬质聚氨酯泡沫塑料	泡沫玻璃	憎水型膨胀珍珠岩	加气混凝土	泡沫混凝土
	挤塑	模塑					
表观密度或干密度（kg/m³）	—	≥20	≥30	≤200	≤350	≤425	≤530
压缩强度（kPa）	≥150	≥100	≥120	—	—	—	—
抗压强度（MPa）	—	—	—	≥0.4	≥0.3	≥1.0	≥0.5
导热系数[W/(m·K)]	≤0.030	≤0.041	≤0.024	≤0.070	≤0.087	≤0.120	≤0.120
尺寸稳定性（70℃，48h，%）	≤2.0	≤3.0	≤2.0	—	—	—	—

续表

项目	指 标						
	聚苯乙烯泡沫塑料		硬质聚氨酯泡沫塑料	泡沫玻璃	憎水型膨胀珍珠岩	加气混凝土	泡沫混凝土
	挤塑	模塑					
水蒸气渗透系数 [ng/(Pa·m·s)]	≤3.5	≤4.5	≤6.5	—	—	—	—
吸水率（v/v, %）	≤1.5	≤4.0	≤4.0	≤0.5	—	—	—
燃烧性能	不低于B$_2$级			A级			

纤维保温材料主要性能指标　　　　　　　　表3-8

项目	指 标			
	岩棉、矿渣棉板	岩棉、矿渣棉毡	玻璃棉板	玻璃棉毡
表观密度 （kg/m³）	≥40	≥40	≥24	≥10
导热系数 [W/(m·K)]	≤0.040	≤0.040	≤0.043	≤0.050
燃烧性能	A级			

现浇泡沫混凝土主要性能指标　　　　　　　　表3-9

项目	指标
干密度（kg/m³）	≤600
导热系数 [W/(m·K)]	≤0.14
抗压强度（MPa）	≥0.5
吸水率（%）	≤20%
燃烧性能	A级

（3）设计与施工[①]

1）设计：

①屋面保温应采用正置式屋面，基本构造层次自下而上宜为：原结构层、找平层、隔汽层、保温层、找坡层、防水层、保护层。

②原屋面防水有渗漏的，应铲除原防水层，重新做保温层和防水层。

③平屋面改坡屋面时，宜在原有平屋面上铺设耐久性、防火性能好的保温层，同时应核算屋面的允许荷载。

④坡屋面改造时，宜在原屋顶吊顶上铺放轻质保温材料，其厚度应根据热

---

① 中华人民共和国行业标准. 既有居住建筑节能改造技术规程 JGJ/T 129—2012［S］. 北京：中国建筑工业出版社，2012.

工计算确定；无吊顶时，可在坡屋面下增加或加厚保温层或增设吊顶，并在吊顶上铺设保温材料，吊顶层应采用耐久性能、防火性能好，并能承受铺设保温层荷载的构造和材料。

⑤ 严寒和寒冷地区楼地面节能改造时，有条件的可在楼板底部设置保温层。

⑥ 保温层设计应符合下列规定：

a. 保温层宜选用吸水率低、密度和导热系数小，并有一定强度的保温材料；

b. 保温层厚度应根据所在地区现行建筑节能设计标准，经计算确定；

c. 保温层的含水率，应相当于该材料在当地自然风干状态下的平衡含水率；

d. 屋面为停车场等高荷载情况时，应根据计算确定保温材料的强度；

e. 纤维材料做保温层时，应采取防止压缩的措施；

f. 屋面坡度较大时，保温层应采取防滑措施；

g. 封闭式保温层或保温层干燥有困难的卷材屋面，宜采取排汽构造措施。

⑦ 保温层应根据屋面所需传热系数或热阻选择轻质、高效的保温材料，保温层及其保温材料应符合表3-10的规定。

保温层及保温材料要求 表3-10

保温层	保温材料
板状材料保温层	聚苯乙烯泡沫塑料，硬质聚氨酯泡沫塑料，膨胀珍珠岩制品，泡沫玻璃制品，加气混凝土砌块，泡沫混凝土砌块
纤维材料保温层	玻璃棉制品，岩棉、矿渣棉制品
整体材料保温层	喷涂硬泡聚氨酯，现浇泡沫混凝土

2）施工：

① 保温材料的贮运、保管应符合下列规定：

a. 保温材料应采取防雨、防潮、防火的措施，并应分类存放；

b. 板状保温材料搬运时应轻拿轻放；

c. 纤维保温材料应在干燥、通风的房屋内贮存，搬运时应轻拿轻放。

② 进场的保温材料应检验下列项目：

a. 板状保温材料：表观密度或干密度、压缩强度或抗压强度、导热系数、燃烧性能；

b. 纤维保温材料应检验表观密度、导热系数、燃烧性能。

③ 保温层的施工环境温度应符合下列规定：

a. 干铺的保温材料可在负温度下施工；

b. 用水泥砂浆粘贴的板状保温材料不宜低于5℃；

c. 喷涂硬泡聚氨酯宜为15～35℃，空气相对湿度宜小于85%，风速不宜大于三级；

d. 现浇泡沫混凝土宜为5～35℃。

（4）修缮

屋面保温系统修缮时，对损坏或严重损坏的屋面，应铲除损坏部位，并应按现行国家标准《屋面工程技术规范》GB 50345—2012的规定重新敷设屋面各构造层。

4. 门窗节能

（1）基本原则

更换不能达到节能标准的原有外窗。改造后其传热系数、气密性、水密性、抗风压性能应满足建筑所在地区的老旧小区改造标准规定的节能设计指标。

（2）性能要求

① 当在原有单玻窗基础上再加装一层窗时，两层窗户的间距不应小于100mm[①]；

② 更换外窗时，可采用塑料窗、断热铝合金窗、钢塑复合窗、木塑复合窗等，并根据不同气候区节能设计标准采用相应的门窗系统；

③ 单元门应安装闭门器。

5. 可再生能源利用

（1）有条件的可设置太阳能热水系统。太阳能集热器的位置和安装应与建筑立面及屋面一并考虑，同时进行。

（2）在阳台安装分散式太阳能热水系统时，应进行结构承载安全验算与确认。太阳能热水系统宜按照单元集中设置，入户管道敷设应统一考虑。

（3）在小区太阳能资源丰富的地区，可以使用太阳能路灯作为公共照明的补充形式。

（四）文化休闲设施

1. 设施内容

小区文化设施包括文化活动场所和文化基础设施两大类（图3-241、图3-242）。

图3-241 文化活动场所示意图

---

① 中华人民共和国行业标准. 既有居住建筑节能改造技术规程 JGJ/T 129—2012［S］. 北京：中国建筑工业出版社，2012.

图3-242 文化基础设施示意图

文化活动场所有：儿童活动中心、图书阅览室、体育活动室、小区文化广场、舞台、戏园、书场、阳光老人家以及居民交流集会、基层党建活动等公共服务场所。

社区改造过程中应尽可能挖掘文化活动空间，增加文化交流场所，注入专属文化元素，完善文化基础设施。

2. 文化设施现状

在老旧小区建设之初，对满足基础居住需求功能的追求较提升居民人文建设之需更为强烈，所以，目前还未实施改造提升的老旧小区在文化基础设施方面大多呈现缺失状态，就算有基础设施的也未能与小区自身文化相契合。

在文化活动场所方面，因小区前期规划原因，极其缺乏公共文化活动空间，部分文化活动场所完整的小区虽有场地，但其功能使用、场地布置、运营使用等方面有所欠缺。因此，老旧小区的文化休闲设施在改造过程中也是需要重点完善的一个版块。

小区文化活动场所用房面积宜不小于400m²，与公共管理用房集中设置；建议应优先利用小区公共用房、公房租赁使用等设置公共管理设施；用房应有自然通风采光，有条件的应配置室外活动场地，宜结合小区公共活动空间、小广场设置，或充分利用大面空间作为室外活动场地，在条件不充足、小区业主意见统一时可考虑设置在住宅架空层。

充分挖掘小区所在地区的区域发展历史，结合区域特点、特色建筑和区域文化共识等文化元素，发掘并提炼出小区的自身内涵，并形成贯穿小区的文化元素，通过小区出入口、文化墙、宣传栏、文化雕塑、文化标识、文化活动等多种方式予以体现。

3. 小区文化活动场所改造常见问题

（1）常见问题：建筑内的功能空间无法满足小区内各年龄段的文化需求，导致室内功能较少（图3-243）。

改造做法：丰富文化活动内容，以满足各个年龄段的文化活动需求，促进邻里交流（图3-244）。

（2）常见问题：由于建筑空间有限或是建筑布局不合理，造成室内功能性空间较少（图3-245）。

改造做法：合理布局建筑功能，增加室内活动空间，丰富居民日常活动，提升幸福感（图3-246）。

（3）常见问题：因室内设施使用年限久或是使用频率高，造成设施老旧，使室内空间视觉效果较差（图3-247）。

改造做法：更换老旧的设施，使居民能够正常使用功能空间，享受休闲生活（图3-248）。

图3-243 小区文化活动场所改造常见问题一

图3-244 改造做法一

图3-245 小区文化活动场所改造常见问题二

图3-246 改造做法二

图3-247 小区文化活动场所改造常见问题三

图3-248 改造做法三

4. 小区文化基础设施改造常见问题

（1）常见问题：由于室外标识标牌、宣传栏等设施使用年限较久，在户外经受风吹雨淋，使得设施较为破旧（图3-249）。

改造做法：根据小区文化特色，植入文化理念，设置具有文化性、景观性的文化设施（图3-250）。

（2）常见问题：由于老小区内指示牌较少，所以无法提供明确的指向信息（图3-251）。

改造做法：在小区内增设文化性、特色性标识标牌，为居民及访客提供归家指引（图3-252）。

（3）常见问题：部分广场空间、功能空间缺少文化性，整体环境缺少文化底蕴和文化特色（图3-253）。

改造做法：根据小区文化底蕴，设置文化主题雕塑、节点文化小品等设施，增加活动场地文化氛围（图3-254）。

图3-249　小区文化基础设施改造常见问题一

图3-250　改造做法一

图3-251　小区文化基础设施改造常见问题二

图3-252　改造做法二

图3-253　小区文化基础设施改造常见问题三

图3-254　改造做法三

（五）体育健身设施

1. 现状问题

随着社会经济发展和老龄化社会日益临近，老人越来越多，也越来越重视健身，老人运动健身场地紧张的问题成为当下公共健身场地紧张的缩影。公共运动健身设施的配套完善是老旧小区改造提升的其中一项，尤其是部分小区公共健身设施已有十余年未升级、更换，缺口严重，影响了小区居民的生活体验；小区公共空间少，导致活动场地缺失或功能器械少，无法满足各年龄段居民的入场活动需求。所以，对老旧小区运动健身设施及活动空间进行改造是居民迫切的需求。

2. 老旧小区运动健身设施设置原则

（1）设置要求

室外设置健身活动场地应坚持因地制宜、保证质量、建管并重、服务群众等原则，并统筹考虑各类使用人群的功能性和安全性，保障儿童、青少年、老年人、残疾人的整体健身游乐需求，通过绿化、护栏、小品、文化装置等隔离，力求跟周边建筑有一定的距离且是一个单独的空间（图3-255）。

图3-255 健身基础设施

（2）遵循原则

设施及场地不应布置在居住小区的主要道路、小区入口、停车场等区域，出入口不应设置在正对道路交叉口的位置，且应在不干扰居民休息的情况下保证夜间适宜的灯光照明。宜充分利用老旧小区改造产生的闲置资源，重点结合小区中心绿地或是具有一定面积的宅旁绿地，有架空层的可考虑底层架空层等设置不同主题的健身活动空间来满足不同年龄段人群的需求。

3. 老旧小区运动健身设施具体实施要求

具备安装条件的小区，要按照《室外健身器材的安全通用要求》和《室外健身器材配建管理办法》的相关要求进行建设安装和维护管理。

儿童游乐场地主要针对12岁以下的儿童设置，一般设置在宅旁，常见主要设施包括秋千、滑梯、沙坑、攀登架、迷宫、跷跷板、戏水池等。其地面铺装宜采用软塑胶、彩色瓷砖等色彩鲜明的材料以及沙、木屑等软性地面。游戏器械的选择和设计应尺度适宜，且应设置必要的保护栏、柔软地垫、警示牌等。儿童游乐设施应满足各年龄组儿童的共同需求，色彩可鲜艳，但应与周围环境相协调（图3-256）。

图3-256 儿童基础设施示意图

4. 老旧小区运动健身设施改造常见问题

（1）常见问题：场地内植物茂密、杂草丛生、地面铺装破损，导致活动场地功能缺失（图3-257）。

改造做法：提升场地景观环境空间，修复破损地面，恢复场地功能（图3-258）。

（2）常见问题：老旧小区健身器材使用年限较久，器材破损，无法使用，部分老旧器械存在安全隐患（图3-259）。

改造做法：更换活动场地健身器材，为小区居民提供一个良好的健身活动空间（图3-260）。

图3-257 老旧小区运动健身设施改造常见问题一　　图3-258 改造做法一

图3-259 老旧小区运动健身设施改造常见问题二　　图3-260 改造做法二

（3）常见问题：老旧小区功能空间小，健身场地不能满足小区各年龄段居民日常的健身、活动需求（图3-261）。

改造做法：提高小区空间利用率，增设健身场地和健身器材，给居民提供更多的健身活动空间（图3-262）。

图3-261 老旧小区运动健身设施改造常见问题三　　　图3-262 改造做法三

（六）室外公共活动空间

1. 现状问题

（1）老旧小区公共活动范围不明确，公共活动空间缺失。

（2）公共空间人流量少，自然侵蚀下荒废，杂草丛生。

（3）部分公共活动空间没有遮阴的地方，长时间暴露在太阳底下。

（4）老旧小区公共活动空间未设置休息座椅。

（5）公共活动场地未设置无障碍坡道。

2. 老旧小区室外公共活动空间设置原则

室外环境改造时，应明确划定公共活动空间范围。公共活动空间宜与地面停车场地、市政环卫设施、安全疏散通道等便捷连接，周边宜种植适量遮阴乔木，设置休息座椅。同时宜提高和完善公共空间的多功能性，一场多用，提高使用率（图3-263）。

图3-263 室外公共活动空间设施示意图

3. 老旧小区室外公共活动空间功能要求

在单元入口、休闲广场、宅间绿地等居民出入和活动频繁的地方，增设固定座椅等可供休憩驻足的设施。

可根据小区现状条件和需求，在小区安全地带增设适合儿童及老年人活动的场地及设施（图3-264）。增加座椅、廊架、景亭等儿童尺度的景观小品与适龄儿童活动游戏场所，创造儿童友好型活动空间。老年人活动场地应满足基本的无障碍设计要求，打造适老化活动空间。老年人活动场地与儿童活动场地应就近设置，满足视线可达。

图3-264　室外公共活动空间设施示意图

4. 老旧小区室外公共活动空间改造常见问题与改造方法

（1）常见问题：老旧小区未对公共活动空间进行功能划分，使活动空间功能不明确，公共设施不完善（图3-265）。

改造做法：划分公共活动场地，针对儿童和老人做相应的功能空间，完善公共基础设施（图3-266）。

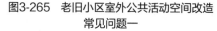

图3-265　老旧小区室外公共活动空间改造
常见问题一

图3-266　改造做法一

（2）常见问题：场地内植物茂密、杂草丛生、地面铺装破损，导致活动场地功能缺失（图3-267）。

改造做法：提升场地景观环境空间，修复破损地面，恢复场地功能（图3-268）。

（3）常见问题：老旧小区公共活动空间未设置休憩驻足的空间，形成功能缺失（图3-269）。

改造做法：在单元入口、休闲广场、宅间绿地等居民出入和活动频繁的地方，增设固定座椅等可供休憩驻足的设施（图3-270）。

（4）老旧小区公共活动空间未考虑残障人士的方便，活动场地未设置无障碍坡道（图3-271）。

改造做法：为方便中老年及残障人士的日常活动，在场地内增设无障碍坡道（图3-272）。

图3-267　老旧小区室外公共活动空间改造
常见问题二

图3-268　改造做法二

图3-269　老旧小区室外公共活动空间改造
常见问题三

图3-270　改造做法三

图3-271　老旧小区室外公共活动空间改造
常见问题四

图3-272　改造做法四

第三节　提升类改造

一、公共服务设施

（一）公共服务设施现状

随着我国城镇化水平的快速推进，已逐渐步入城镇化发展中后期，城市建设已从大规模、高速度的粗放型发展阶段进入关注城市人居环境品质、补齐居住社区建设短板、建立健全治理机制的精细化发展阶段。为满足城市居民日常生活、购物、教育、文化娱乐、游憩、社区活动等的需要，住区内必须设置相应的各种公共服务设施，其内容、项目设置必须综合考虑居民的生活方式、生活水平以及年龄特征等因素。但老旧小区本身因为场地的局限，无法满足公共服务配套的要求，需要补齐短板，存量升级。

（二）公共服务设施提升主要内容

主要是公共服务设施配套建设及其智慧化改造，包括改造或建设小区及周边的社区综合服务设施、卫生服务站等公共卫生设施、幼儿园等教育设施、周界防护等智能感知设施，以及养老、托育、助餐、家政保洁、便民市场、便利店、邮政快递末端综合服务站等社区专项服务设施。各地可因地制宜确定改造内容清单、标准和支持政策。

5分钟、10分钟、15分钟生活圈居住区配套设施应符合表3-11、表3-12的规定[①]。

<table>
<tr><td colspan="5" align="center">5分钟生活圈居住区配套设施设置规定　表3-11</td></tr>
<tr><td>类别</td><td>序号</td><td>项目</td><td>5分钟生活圈居住区</td><td>备注</td></tr>
<tr><td rowspan="14">社区服务设施</td><td>1</td><td>社区服务站（含居委会、治安联防站、残疾人康复室）</td><td>●</td><td>可联合建设</td></tr>
<tr><td>2</td><td>社区食堂</td><td>○</td><td>可联合建设</td></tr>
<tr><td>3</td><td>文化活动站（含青少年活动站、老年活动站）</td><td>●</td><td>可联合建设</td></tr>
<tr><td>4</td><td>小型多功能运动（球类）场地</td><td>●</td><td>宜独立占地</td></tr>
<tr><td>5</td><td>室外综合健身场地（含老年户外）</td><td>●</td><td>宜独立占地</td></tr>
<tr><td>6</td><td>幼儿园</td><td>●</td><td>宜独立占地</td></tr>
<tr><td>7</td><td>托儿所</td><td>○</td><td>可联合建设</td></tr>
<tr><td>8</td><td>老年人日间照料中心（托老所）</td><td>●</td><td>可联合建设</td></tr>
<tr><td>9</td><td>社区卫生服务站</td><td>○</td><td>可联合建设</td></tr>
<tr><td>10</td><td>商业服务网点（超市、药店、洗衣店、美发店等）</td><td>●</td><td>可联合建设</td></tr>
<tr><td>11</td><td>再生资源回收点</td><td>●</td><td>可联合建设</td></tr>
<tr><td>12</td><td>生活垃圾收集站</td><td>●</td><td>宜独立占地</td></tr>
<tr><td>13</td><td>公共厕所</td><td>●</td><td>可联合建设</td></tr>
<tr><td>14</td><td>公交车站</td><td>○</td><td>宜独立占地</td></tr>
</table>

---

① 中华人民共和国国家标准. 城市居住区规划设计标准 GB 50180—2018［S］. 北京：中国建筑工业出版社，2018.

续表

类别	序号	项目	5分钟生活圈居住区	备注
社区服务设施	15	非机动车停车场（库）	○	可联合建设
	16	机动车停车场（库）	○	可联合建设
	17	其他	○	可联合建设

10分钟、15分钟生活圈居住区配套设施设置规定　表3-12

类别	序号	项目	15分钟生活圈居住区	10分钟生活圈居住区	备注
公共管理和公共服务设施	1	初中	●	○	应独立占地
	2	小学	—	●	应独立占地
	3	体育馆（场）或全民健身中心	○	—	可联合建设
	4	大型多功能运动场地	●	—	宜独立占地
	5	中型多功能运动场地	—	●	宜独立占地
	6	卫生服务中心	●	—	宜独立占地
	7	门诊部	●	—	可联合建设
	8	养老院	●	—	宜独立占地
	9	老年养护院	●	—	宜独立占地
	10	文化活动中心（含青少年、老年活动中心）	●	—	可联合建设
	11	社区服务中心（街道级）	●	—	可联合建设
	12	街道办事处	●	—	可联合建设
	13	司法所	●	—	可联合建设
	14	派出所	○	—	宜独立占地
	15	其他	○	○	可联合建设
商业服务业设施	16	商场	●	●	可联合建设
	17	菜市场或生鲜超市	—	●	可联合建设
	18	健身房	○	○	可联合建设
	19	餐饮设施	●	●	可联合建设
	20	银行营业网点	●	●	可联合建设
	21	电信营业网点	●	●	可联合建设
	22	邮政营业网点	●	—	可联合建设
	23	其他	○	○	可联合建设
市政公用设施	24	开闭所	●	○	可联合建设
	25	燃料供应站	○	○	宜独立占地
	26	燃气调压站	○	○	宜独立占地

119

续表

类别	序号	项目	15分钟生活圈居住区	10分钟生活圈居住区	备注
市政公用设施	27	供热站或热交换站	○	○	宜独立占地
	28	通信机房	○	○	可联合建设
	29	有线电视基站	○	○	可联合建设
	30	垃圾转运站	○	○	应独立占地
	31	消防站	○	—	宜独立占地
	32	市政燃气服务网点和应急抢修站	○	○	可联合建设
	33	其他	○	○	可联合建设
交通场站	34	轨道交通站点	○	○	可联合建设
	35	公交首末站	○	○	可联合建设
	36	公交车站	●	●	宜独立占地
	37	非机动车停车场（库）	○	○	可联合建设
	38	机动车停车场（库）	○	○	可联合建设
	39	其他	○	○	可联合建设

注：●为应配建项目；○根据实际情况按需配建的项目。

（三）5分钟、10分钟、15分钟生活圈

居住街坊：由支路等城市道路或用地边界线围合的住宅用地，是住宅建筑组合形成的基本居住单元；居住人口规模在1000～3000人（约300～1000套住宅，用地面积2～4hm²），并配建有便民服务设施。

5分钟生活圈：以居民步行5分钟可满足其基本生活需求为原则划分的居住区范围；一般由支路及以上城市道路或用地边界线所围合，居住人口规模为5000～12000人（约1500～4000套住宅），配建社区服务设施的地区（图3-273）。

10分钟生活圈：以居民步行10分钟可满足其基本物质与生活文化需求为原则划分的居住区范围；一般由城市干路、支路或用地边界线所围合，居住人口规模为15000～25000人（约5000～8000套住宅），配套设施齐全的地区。

15分钟生活圈：以居民步行15分钟可满足其物质与生活文化需求为原则划分的居住区范围；一般由城市干路或用地边界线所围合、居住人口规模为50000～100000人（约17000～32000套住宅），配套设施完善的地区。

15分钟生活圈让居民仅在出门15分钟步行路程的社区生活圈内，便可享受到"衣、食、住、行"相关的一站式基本服务和公共活动空间，在不断满足人们对美好生活的需要中激发社区活力，使其蓬勃发展，打造了综合服务高覆盖的社区生活圈，浇筑了居民文明宜居生活的坚实基础，提升了居民的幸福感和舒适度。

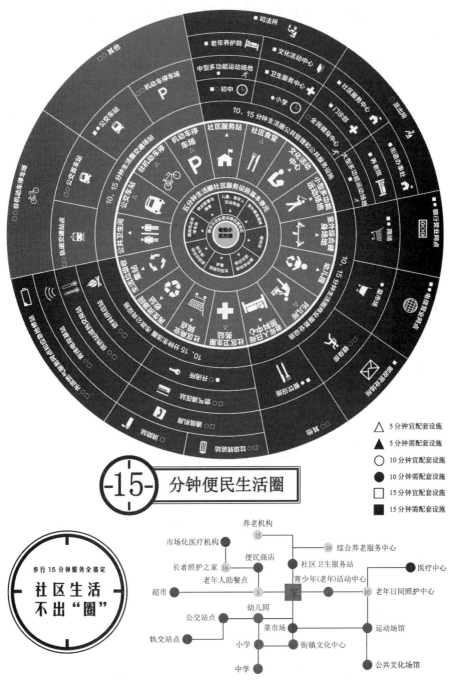

图3-273 15分钟生活圈示意图

（四）完整居住社区基本单元

宜将300m的服务半径作为老旧小区基本单元的建设范围，考虑到实际距离等因素，步行实际为5～10min。在基本的建设单元范围内，以满足婴幼儿、儿童、老年人的最基本的生活需求为基础，宜尽量布局幼儿园、养老设施、公园、活动场地、便利店以及菜场等设施。对接《城市居住区规划设计标准》GB 50180—2018中提出的5分钟生活圈居住区。

多个相邻的完整社区构成城市15分钟生活圈，配建中小学、养老院、社区医院、运动场馆、城市公园等规模更大、辐射范围更广的服务设施和活动场所（图3-274）。

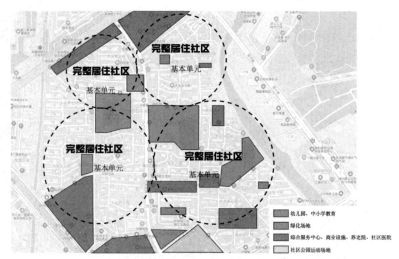

图3-274 多个完整居住社区构成城市15分钟生活圈示意图

二、公共服务设施配套建设

梳理改造范围内闲置、低效空间，并结合小区规模及小区实际情况，在不影响消防安全、住宅日照的前提下，鼓励进行局部改扩建老旧小区的公共服务设施用房，合理增设托幼、居家养老服务、老年食堂、文化活动室、社区配套用房等公共服务场所，增强社区服务功能，改善提升住宅小区的文化氛围和文化气息。

（一）基本公共服务设施

1. 社区服务设施（表3-13）

（1）应结合小区规模和实际情况，改建、扩建或新建社区党群服务中心（站），宜与居委会办公室、图书阅览室等联合建设，实现社区党群服务中心（站）共享共用。

（2）社区服务用房（站）宜与社区卫生、文化、教育、体育健身、老年人日间照料等统筹建设，发挥社区综合服务效益。

（3）社区服务用房（站）的建设规模应以社区常住人口数量为基本依据进行设计，设置在交通便利、方便居民出入、便于服务辖区居民的地段，并符合无障碍要求。

（4）城镇老旧小区应根据小区实际设置社区食堂，为小区居民特别是老年人提供助餐服务。

（5）社区食堂宜按照5分钟生活圈居住区的服务半径设置，可结合小区社区服务站、文化活动站等服务设施联合建设，应设置在老年人口相对密集、方便老年人出行的地上一层或二层，满足无障碍设计要求，配套消防及应急用品，做好安防和消防措施。

（6）可通过改造提升原有食堂、新建中央厨房、社区老年食堂、社区助餐服务点，以及集中配餐、送餐入户等模式，为社区居民提供多样化服务[①]。

社区服务设施 　　　　　　　　　　　　　表3-13

	编号	名称	服务内容	设置规定	每处规模	
					建筑面积（m²）	用地面积（m²）
社区服务设施	1	社区服务中心	家政服务、就业指导、中介、咨询服务、代客订票、部分老年人服务设施等	每小区设置一处，居住区也可合并设置	200~300	300~500
	2	残疾人托养所	残疾人全托式护理	—	—	—
	3	治安联防站	—	可与居（里）委会合设	18~30	12~20
	4	居（里）委会（社区用房）	—	300~1000户设一处	30~50	—
	5	物业管理	建筑与设备维修、保安、绿化、环卫管理等	—	300~500	300

2. 社区服务设施常见问题及改造做法

常见问题：部分老旧小区社区服务设施，如党群服务、治安、社区办公、物业用房等设施水平滞后或缺失，不能够满足居民与社区的基本需求（图3-275）。

改造做法：统筹社区现有存量资源，对其改建、扩建或新建社区服务设施，对设施、设备进行改造或升级，实现为社区居民提供基础多样化服务（图3-276）。

图3-275 社区服务设施不完善

图3-276 完善社区服务设施

---

① 山东省住房和城乡建设厅. 山东省城镇老旧小区改造技术导则（试行）［EB/OL］.［2020-07-15］. http://zjt.shandong.gov.cn/art/2020/7/15/art_102884_9304167.html.

［案例］浙江省杭州市拱墅区半山街道杭钢北苑
——"全国敬老模范社区"

浙江省杭州市拱墅区半山街道杭钢北苑，有"全国敬老模范社区""全国优秀志愿服务品牌""浙江省文化示范社区""浙江省老年工作规范化社区""省级城市体育先进社区""杭州市四星级民主法治社区"等诸多荣誉称号加身，以便民利民服务、社会救助、社会福利和优抚保障服务等，完美诠释了社区服务的理念，不断满足居民群众需求，提高人民生活质量，促进人的全面发展（图3-277～图3-279）。

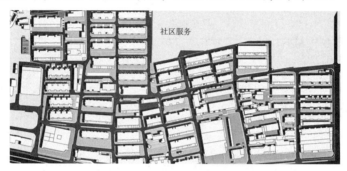

图3-277　杭钢北苑社区服务点位

图3-278　杭钢北苑便民服务中心效果

图3-279　杭钢北苑便民商店效果

（二）文化体育设施（表3-14）

（1）小区文化设施包括儿童活动中心、图书馆、阅览室、体育活动室、小区文化广场等设施，以及居民交流集会、基层党建活动场所（图3-280、图3-281）。

文化体育设施 表3-14

	编号	名称	服务内容	设置规定	每处规模	
					建筑面积（m²）	用地面积（m²）
文化体育设施	1	文化活动中心	小型图书馆，科普知识宣传与教育，影视厅、舞厅、游艺厅，球类、棋类活动室，科技活动，各类艺术训练班及青少年和老年人学习活动场地、用房等	宜结合或靠近同级中心绿地安排	4000~6000	8000~12000
	2	文化活动站	书报阅览、书画、文娱、健身、音乐赏析、茶座等主要供青少年和老年人活动	宜结合或靠近同级中心绿地安排；独立性组团也应设置本站	400~600	400~600
	3	居民运动场馆	健身场地	宜设置60~100m直跑道和200m环形跑道及简单的运动设施	—	10000~15000
	4	居民健身设施	篮球、排球及小型球类场地，儿童及老年人活动场地和其他简单运动设施等	宜结合绿地安排	—	—

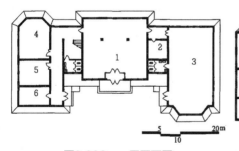

图3-280 一层平面图

1—综合服务大厅；2—休息室；3—乒乓球、台球室；
4—社区图书馆；5—旧物爱心站；6—警务室

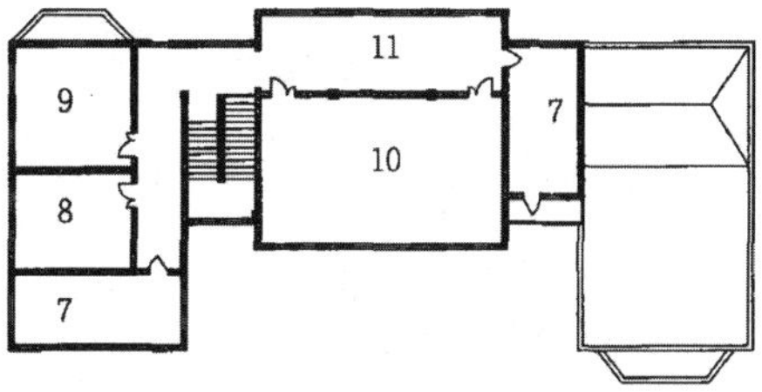

图3-281 二层平面图

7—办公室；8—艺术室；9—网络课堂；
10—会议室；11—荣誉厅

（2）尽可能挖掘空间，结合改造范围内可利用空间，鼓励建设托幼设施、社区学校、老年学校等社区教育设施。探索社区教育的创新模式，鼓励将教育功能复合到社区公园、广场、街头绿地等空间中去，提供多样化教育体验。

（3）增加文化交流场所。充分挖掘小区所在地区的区域发展历史，结合区域特点、特色建筑和区域文化公示等文化元素，发掘并提炼出小区的自身内涵，形成贯穿小区的文化元素，通过小区出入口、文化墙、宣传栏、文化雕塑、文化标识、文化活动等多种方式予以体现。

（4）文化教育设施应设于阳光充足、接近公共绿地、便于家长接送的地段，服务半径、选址与规模满足相关规范要求，为社区居民提供多样化服务。

（5）因需求可配套无障碍设施，无障碍设施是指保障残疾人、老年人、孕妇、儿童等社会成员通行安全和使用便利，在建设工程中配套建设的服务设施。包括无障碍通道（路）、电（楼）梯、平台、房间、洗手间（厕所）、席位、盲文标识和音响提示以及通信。

（6）居民健身设施应设儿童与老人活动场所，并宜结合绿地设置其他简单运动设施。青少年活动场地应避免对居民正常生活产生影响，老年人活动场地应相对集中。

（7）居民运动场馆宜设置60～100m直跑道和200m环形跑道及简单运动设施，并与居住区的步行和绿化系统紧密联系或结合，其位置与道路应具有良好的通达性。

（8）文化活动中心可设小型图书馆、影视厅、游艺厅、球类、棋类活动室、青少年和老年人学习活动场地等，并宜结合或靠近同级中心绿地，相对集中布置，形成生活活动中心。

（9）文化活动站可设书报阅览室、书画室、文娱室、健身室、茶座等功能空间，并宜结合或靠近同级中心绿地，独立性组团，也应设置文化活动场所（表3-15）[1]。

活动场地功能及指标   表3-15

功能	项目	配置内容	使用面积（m²）
多功能活动	报告讲座、小型集会、联谊活动、数码电影放映、文艺表演的多功能厅	座位在200座以上，配置灯光、音响、数码放映设备、大屏幕、投影机、活动座椅等	500
展示、展览	作品展示、时事宣传、科普展览、藏品陈列的展示陈列室	配置陈列设备活动展板及其他展示材料	300
休闲娱乐	按需设定娱乐型项目，例如游艺室、亲子活动室、棋牌室、视听室等	配置相应器材设备，要有适合老年人和少年儿童的活动内容和项目	500
体育健身	按需设定健身锻炼项目，例如，乒乓球室、台球室、健身室、市民体质测试站、老年活动室等	按项目配置可供市民健身锻炼的设施和器材，健身房一般不小于30件器械	600
后勤保障	按管理功能需要设立相关职能部门，并建设配套辅助设施	根据办公、后勤用房不同作用配置	200

---

① 中华人民共和国国家标准. 城市居住区规划设计标准 GB 50180—2018［S］. 北京：中国建筑工业出版社，2018.

功能	项目	配置内容	使用面积（m²）
团队活动	按需设定文艺团队和培训专用活动室，例如音乐室、排练室、工艺室、荣誉室等	专用活动室可与社区学校培训共用，配有相应的设备用具	400
党员活动	设立党团活动服务站	按政府统一要求	50
信息服务	社区图书馆	其中少儿图书馆不少于80m²，订购报刊不少于100种	300
	社区网络终端	电子阅览、信息资源共享工程整合一起，电脑50台左右，宽带接入，以及可实现远程媒体互动的电脑配置系统	200
社区教育	按需设立普通培训教室，包括老年学校、阳光之家、社区学校、心理咨询等	每个教室可容纳40人左右，有条件的教室配置多媒体放映设备	400

1. 文化体育设施常见问题及改造做法

常见问题：部分老旧小区文化体育设施不完善，不能够满足居民精神文化与体育健身的需求（图3-282）。

改造做法：统筹社区现有存量资源，对其改建、扩建或新建文化体育设施，对设施、设备进行改造或升级，满足居民精神文化与体育健身需求（图3-283）。

图3-282　文化体育设施不完善　　　　图3-283　完善文化体育设施

[案例] 浙江省杭州市拱墅区大关街道西八苑百姓书场

大关街道西八苑百姓书场是朝晖唯二现存"杭州评话"活动举办地点，作为大关街道"草根文化"品牌的组成部分，是第一批杭州市非物质文化遗产宣传展示基地（图3-284～图3-287）。党员活动室，即党员活动阵地，以"不忘初心，牢记使命"为主题，开展党内活动。老年图书馆配置了适合老年读者阅读和欣赏的，包括医疗保健、休闲养生、历史传记、文学艺术、民间戏曲等内容的书、刊、报纸，丰富老人的精神世界。

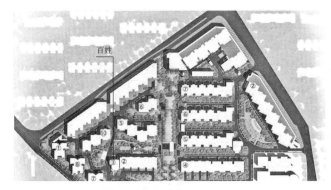

图3-284 大关西八苑百姓书场点位

图3-285 大关西八苑百姓书场效果

图3-286 大关西八苑公园效果

图3-287 大关西八苑百姓书场效果

2. 医疗卫生设施（表3-16）

（1）应按照区域卫生规划的要求，健全医疗卫生设施，补齐卫生防疫短板。

（2）医疗卫生设施应规模适宜、功能适用、装备适度、经济合理、安全卫生，充分利用现有卫生资源，避免重复建设或过于集中（表3-17）[1]。

（3）社区医疗卫生设施主要为社区卫生服务中心和社区卫生服务站，其中前者负责提供基本公共卫生服务，以及常见病、多发病的诊疗、护理、康复等综合服务，承担辖区的公共卫生管理和计划生育技术服务工作；后者承担基本公共卫生服务、计划生育日常服务和普通常见病、多发病的初级诊治以及康复服务（图3-288）。

（4）社区卫生服务站的基础设施设计、仪器设备装备应能满足实际开展疾病预防控制、卫生保健和卫生监督工作的需要（图3-289、图3-290）。

（5）社区卫生服务站不宜与菜市场、学校、幼儿园、公共娱乐场所、消防站、垃圾转运站等设施毗邻设置。

（6）鼓励发展社区"互联网＋医疗健康"模式，助推智慧社区发展。

医疗卫生设施　　　　　　　　　　　　　　　　表3-16

	编号	项目名称	服务内容	设置规定	每处规模	
					建筑面积（m²）	用地面积（m²）
医疗卫生设施	1	门诊所	社区卫生服务中心	一般3万~5万人设一处，设医院的居住区不再设独立门诊；设于交通便捷、服务距离适中的地段	2000~3000	3000~5000
	2	卫生站	社区卫生服务站	1万~1.5万人设一处	300	500
	3	护理院	健康状况较差或恢复期老年人日常护理	最佳规模为100~150床位；每床位建筑面积≥30m²；可与社区卫生服务中心合设	3000~4500	—

居住区卫生服务中心的功能用房与面积比例　　　　表3-17

用房分类		用房组成	面积比例
基本医疗服务空间	临床用房空间	全科诊室、中医诊室、治疗室（或处置室）、观察室、康复治疗室、抢救室	53%
	医技科室用房	检验室、X光检查室、药房、B超和心电图室、消毒间	28%
公共卫生服务空间	预防保健用房	预防保健室、儿童保健室、妇女保健与计划生育指导室、健康教育室	13%
后期管理保障用房		健康信息管理室、办公用房	69%

---

[1] 山东省住房和城乡建设厅. 山东省城镇老旧小区改造技术导则（试行）[EB/OL]. [2020-07-15]. http://zjt.shandong.gov.cn/art/2020/7/15/art_102884_9304167.html.

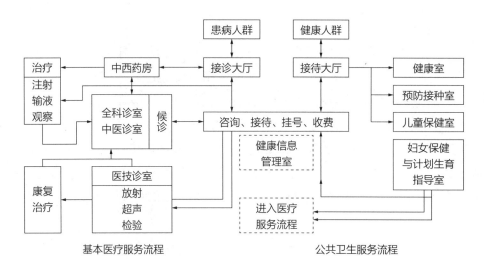

图3-288 社区医疗卫生服务流程

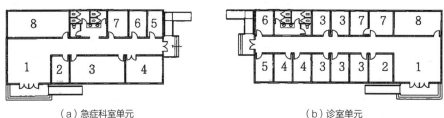

（a）急症科室单元

1—门诊大厅；2—挂号收费；3—输液室；
4—急诊室；5—污物收集；6—护士站；
7—配液室；8—药房

（b）诊室单元

1—门诊大厅；2—治疗室；3—全科诊室；
4—中医诊室；5—污物消毒；6—污物收集；
7—口腔室；8—药房

图3-289 社区卫生站服务中心各功能单元布置图

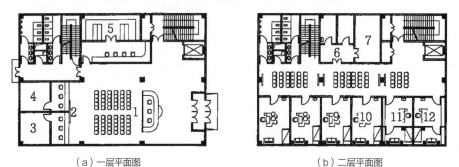

（a）一层平面图

（b）二层平面图

图3-290 某社区卫生站平面图

1—健康教育室；2—挂号收费；3—办公室；4—冷链室；5—药房；6—检查室；
7—化验室；8—全科诊室；9—中医诊室；10—计生咨询；11—医生办公室；12—护士站

（7）医疗卫生设施常见问题及改造做法

常见问题：部分老旧小区医疗卫生设施不完善，不能满足居民医疗服务需求（图3-291）。

改造做法：统筹社区现有存量资源，对其改建、扩建或新建医疗卫生设施，对设施、设备进行改造或升级，满足居民医疗服务的需求（图3-292）。

图3-291 医疗卫生设施不完善

图3-292 完善医疗卫生设施

[案例] 浙江省杭州市西湖区文新街道社区卫生服务中心

浙江省杭州市西湖区文新街道社区卫生服务中心下设骆家庄、桂花园、府新、南都四个社区卫生服务站，实现了步行15分钟就诊圈（图3-293～图3-295）。社区卫生服务站全部使用分诊叫号系统，更有儿童游乐区、留观等候区等人性化设计，环境温馨。并秉承"守护健康、促进和谐"的宗旨，努力成为百姓身边有温度的社区卫生服务中心。中心主要开展预防、保健、健康教育、计划生育技术指导以及常见病、多发病、诊断明确的慢性病的治疗和康复等综合性卫生保健服务。主要的服务方式有：主动上门服务；开设家庭病床；方便就近诊疗；医疗与预防健康结合；实施双向转诊；康复；根据社区居民的需求，不断拓宽社区卫生服务范围，提供适宜的基层卫生服务。

图3-293 文新社区卫生服务中心效果一

图3-294 文新社区卫生服务中心效果二

图3-295　文新社区卫生服务中心效果三

3. 托幼养老设施（表3-18）

（1）应按照普惠优先、安全健康、属地管理、分类指导的原则，综合考虑居民需求，科学规划，合理布局，健全托育养老设施。

（2）结合小区规模及小区实际情况，通过改造增设文化活动室、图书馆、老年食堂（助餐、配送餐服务点）、居家养老服务中心等为老服务设施场所；老人服务设施内部空间及功能应以尊重和关爱老年人为理念，遵循安全、卫生、适用的原则，保证和提高老年人的基本生活质量。

（3）养老服务设施应设置在市政设施条件较好、位置适中、方便居民特别是老年人进出的地段，宜靠近广场、公园、绿地等公共活动空间。托育设施应选择在自然条件良好、交通便利、阳光充足、便于接送的地段。

（4）养老服务设施宜与社区卫生、文教、体育健身、残疾人康复等服务设施集中或邻近设置，以提高设施利用效率。

（5）老年人健身和娱乐活动场地应采光、通风良好，避免烈日暴晒和寒风侵袭。托育设施的服务半径不宜大于300m，设置规模宜根据适龄儿童人口确定。鼓励通过购置、置换、租赁闲置房屋，引入专业化、连锁化托育养老服务机构。

（6）因需求可配套无障碍设施，无障碍设施是指保障残疾人、老年人、孕妇、儿童等社会成员通行安全和使用便利，在建设工程中配套建设的服务设施。包括无障碍通道（路）、电（楼）梯、平台、房间、洗手间（厕所）、席位、盲文标识和音响提示以及通信。

（7）托幼养老设施常见问题及改造做法：

常见问题：部分老旧小区托幼养老设施不完善，不能满足居民的学龄前幼儿实施保育和教育与老年人养老护理服务（图3-296）。

改造做法：统筹社区现有存量资源，对其改建、扩建或新建托幼养老设施，对设施、设备进行改造或升级，满足居民最基本的托幼与养老需求（图3-297）。

托幼养老设施   表3-18

编号	项目名称	服务内容	设置规定	每处规模	
				建筑面积（m²）	用地面积（m²）
托幼养老设施	1	托儿所	保教＜3周岁儿童	① 设于阳光充足，接近公共绿地，便于家长接送的地段；② 托儿所每班按25座计，幼儿园每班按30座计；③ 服务半径不宜大于300m，层数不宜高于3层；④ 3个班和3个班以下的托幼园所可混合设置，也可附设于其他建筑，但应有独立院落和出入口，4个班和4个班以上的托幼园所均应独立设置；⑤ 8班和8班以上的托幼园所，其用地应分别按每座不小于7m²或9m²计；⑥ 托幼建筑宜布置于可挡寒风的建筑物的背风面，但其生活用房应满足底层满窗冬至日不小于3h的日照标准；⑦ 活动场地应有不少于1/2的活动面积在标准的建筑日照阴影线之外	—	4班≥1200 6班≥1400 8班≥1600
	2	幼儿园	社区卫生服务站		—	4班≥1500 6班≥2000 8班≥2400
	3	养老院	老年人全托式护理服务	一般规模为150～200床位，每床位建筑面积大于或等于40m²	—	—
	4	托老所	老年人日托（餐饮、文娱、健身、医疗保健等）	一般规模为30～50床位；每床位建筑面积20m²；宜靠近集中绿地安排，可与老年活动中心合并设置	—	—

图3-296　托幼养老设施不完善

图3-297　完善托幼养老设施

[案例]浙江省杭州市拱墅区米市巷街道左家新村
——"奇妙托育园""阳光老人家"

浙江杭州拱墅区米市巷街道左家新村——拥有"全国敬老模范社区""全国优秀志愿服务品牌""浙江省文化示范社区""浙江省老年工作规范化社区""省级城市体育先进社区""杭州市四星级民主法治社区"等诸多荣誉称号加身的左家新村，便民利民服务，社会救助，社会福利和优抚保障服务等，完美诠释了社区服务的理念，不断满足居民群众需求、提高人民生活质量、促进人的全面发展（图3-298～图3-301）。

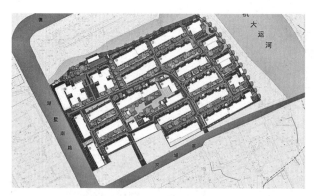

图3-298　左家新村平面

图3-299　左家新村儿童活动区效果

图3-300　左家新村党群服务中心效果一

图3-301　左家新村党群服务中心效果二

三、便民商业服务设施

商业服务设施的布局在满足其服务半径的同时，宜相对集中布置，形成各级服务中心。居住区级商业服务中心宜设在居住区入口处，居住小区级商业服务中心为便于居民途经使用，可布置在小区中心地段或小区主要出入口处，其建筑可设于住宅底层，或在独立地段设置。

（一）家政保洁

（1）老旧小区应结合社区服务设施（场地）实际情况设置家政保洁服务网点。

（2）家政保洁服务网点应管理有序、运营高效。家政服务网点应具备可保障经营所需的固定且合法的经营场地。网点办公场所应布局合理，具备接待、培训和休息的功能。家政服务网点应配套经营必备的办公、通信设备等[①]。

（二）便民市场

（1）宜按照商业网点规划，充分考虑周边设施，结合住户需求，设置便民市场、便利店。

（2）便民市场、便利店的设置应便于社区居民的消费，与银行、邮局等其他公共服务设施相协调，因地制宜配建停车场、货物装运通道等设施。

（3）便民市场的服务半径不宜大于500m，便利店宜1000～3000人设置1处，满足居民购买日常生活用品需求。

（三）快递服务

（1）应建设改造多个邮件和快件寄递服务设施、多组智能信报箱、智能快递箱，提供邮件快件收寄、投递等服务。

（2）受场地条件约束的既有居住社区，应因地制宜建设邮政快递末端综合服务站。

（四）其他便民网点

同时，应建设理发店、洗衣店、药店、维修点、家政服务网点、餐饮店等便民商业网点（表3-19）。

便民服务设施常见问题及改造做法：

---

① 山东省住房和城乡建设厅. 山东省城镇老旧小区改造技术导则（试行）[S].

常见问题：多数老旧小区便民服务，如便民超市、书店、药店、菜市场等设施不完善，不能够满足居民日常的生活基础便民需求（图3-302）。

改造做法：统筹社区现有存量资源，对其改建、扩建或新建对应设施，对设施、设备进行改造或升级，满足居民最基本的日常便民需求（图3-303）。

图3-302　便民服务设施不完善

图3-303　完善便民服务设施

便民服务设施　　　　　　　　　　　　　　　　表3-19

	编号	项目名称	服务内容	设置规定	每处规模	
					建筑面积（m²）	用地面积（m²）
商业服务	1	综合食品店	粮油、副食、糕点、干鲜果品等	服务半径：居住区不宜大于500m，居住小区不宜大于300m；地处山坡地的居住区，其商业服务设施的布点，除满足服务半径的要求外，还应考虑上坡空手、下坡负重的原则	居住区：1500~2500　小区：800~1500	—
	2	餐饮	主食、早点、快餐、正餐等		—	—
	3	中西药店	汤药、中成药及西药等		200~500	—
	4	综合百货店	日用百货、鞋帽、服装、布匹、五金及家用电器等		居住区：2000~3000　小区：400~600	—
	5	书店	书刊及音像制品		300~1000	—
	6	市场	以销售农副产品和小商品为主	设置方式应根据气候特点与当地传统的集市要求而定	居住区：1000~1200　小区：500~1000	居住区：1500~2000　小区：800~1500
	7	便民店	小百货、小日杂	宜设于组团的出入口附近	—	—
	8	其他第三产业设施	零售、洗染、美容美发、照相、影视文化、休闲娱乐、洗浴、旅店、综合修理以及辅助就业设施等	具体项目、规模不限	—	—

[案例] 浙江省杭州市拱墅区米市巷街道大塘新村商业街

大塘新村老旧小区改造项目位于浙江省杭州市拱墅区米市巷街道，西至湖墅南路，南至文晖路（图3-304～图3-308）。本次改造共52栋建筑，总共2588户，168个单元，小区人口共7164人，总建筑面积176197.36m²，用地面积116573.6m²。小区内商业服务完善，主要以居民需求为主导，设置了烟酒杂货铺、便民理发店和菜鸟驿站等商业服务设施。此次通过对其店招和外立面的改造，提升整体品质，让现有商业氛围焕发新的生机，形成更集中的商业服务中心，根据居民消费需求变化，强化了综合式服务供给，在保障设施正常运行的基础上，增加服务内容，完善服务体系。

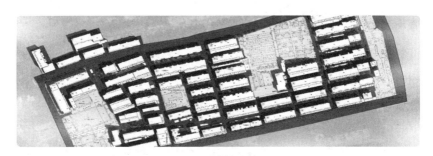

图3-304 大塘新村平面图

图3-305 便民商业效果一

图3-306 便民商业效果二

图3-307 便民商业效果三

图3-308 便民商业效果四

四、数字化改造

实施老旧小区改造，并不仅仅是对老旧小区原有系统的简单更新改造，而是在原有系统之上进行升级，通过自己的云服务平台，集成各方所需，完成老旧社区到智慧社区的升级蜕变。老旧小区数字化主要是指利用现代技术和通信手段，改变社区为居民提供服务的方式，将数字技术融入邻里服务与治理当中，转变运营的业务流程和商业模式，实现公共服务的多样化方式。

老旧小区数字化改造主要包括：智能化服务系统、数字化管理系统。

（一）智能化服务系统改造

智能化服务系统属于老旧小区数字化改造范畴，与数字化管理平台不同的是，智能化改造是数字化管理平台下几个相对独立的系统，如果某小区没有数字化管理平台，依旧可以进行智能化改造，通过智能化的改造，完善小区的配套技术设施，使社区治理水平整体提升。

智能化服务系统改造主要包括：智慧安防系统、智慧停车系统、智慧消防系统。

1. 智慧安防系统改造

智能化的综合安防管理平台可以实现社区视频监控、报警、出入口控制、可视对讲的统一管理，并将报警信息上传至公安部门。具有丰富的功能和良好的界面设计，除具备强大的报警、智能分析、生物识别等应用外，还提供多个辅助功能：网管功能、设备巡检、集成大屏控制、多级电子地图、业务监督、分布式部署、交接班应用等，实现技防、人防的有机结合。智慧安防系统改造主要包括：视频安防监控系统、智能门禁管理系统、出入口控制系统（图3-309）。

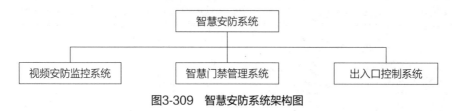

图3-309 智慧安防系统架构图

（1）视频安防监控系统

视频安防监控系统（VSCS，Video Surveillance and Control System）是利用视频技术探测、监视设防区域并实时显示、记录现场图像的电子系统或网络。

1）公共区域（小区与单元及地下车库出入口、电梯轿厢等）宜设置对小区全覆盖的视频安防系统，应急时可实现对具体单元的重点视频监控。已有智能监控的老旧小区应进行设备检测，更换老旧破损设备线路。没有智能监控的小区应在小区主要出入口、主要通道、公共设施、幼儿园、设备用房等区域安装安防设施。有条件的老旧小区应做到安全监控无死角（图3-310）。

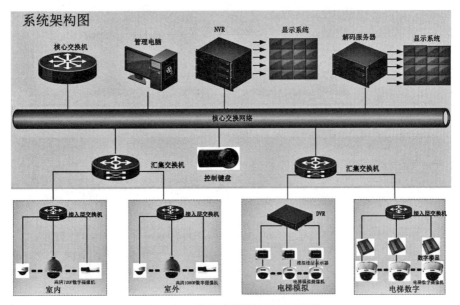

图3-310 视频安防监控系统架构图

2）安防监控系统一般由前端、传输、控制及显示记录四个主要部分组成。前端部分包括一台或多台摄像机以及与之配套的镜头、云台、防护罩、解码驱动器等；传输部分包括电缆和光缆，以及可能的有线、无线信号调制解调设备等；控制部分主要包括视频切换器、云台镜头控制器、操作键盘、种类控制通信接口、电源和与之配套的控制台、监视器柜等；显示记录设备主要包括监视器、录像机、多画面分割器等（图3-311）。

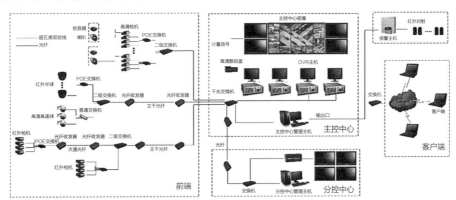

图3-311 视频安防监控系统结构图

3）视频监控摄像机的设防应符合下列规定：

① 周界宜配合周界入侵探测器设置监控摄像机。

② 公共建筑地面层出入口、门厅（大堂）、主要通道、电梯轿厢、停车库（场）行车道及出入口等应设置监控摄像机。

③ 建筑物楼层通道、电梯厅、自动扶梯口、停车库（场）内宜设置监控摄像机。

④ 建筑物内重要部位应设置监控摄像机；超高层建筑的避难层（间）应设置监控摄像机。

⑤ 安全运营、安全生产、安全防范等其他场所宜设置监控摄像机。

4）视频监控系统设计宜符合下列规定：

① 系统宜由前端设备、传输单元、控制设备、显示设备、记录设备等组成。

② 系统设计宜满足监控区域有效覆盖、合理布局、图像清晰、控制有效的基本要求。

③ 系统图像质量的主观评价，可采用五级损伤制评定，图像等级应符合表3-20的规定；系统在正常工作条件下，监视图像质量不应低于4级，回放图像质量不应低于3级。

五级损伤评定图像等级 表3-20

图像等级	模拟图像质量主观评价	数字图像质量主观评价
5	不觉察有损伤或干扰	不觉察
4	稍有觉察损伤或干扰，但不令人讨厌	可觉察，但不讨厌
3	有明显损伤或干扰，令人感到讨厌	稍有讨厌
2	损伤或干扰较严重，令人相当讨厌	讨厌
1	损伤或干扰极严重，不能观看	非常讨厌

④ 系统的制式宜与通用的电视制式一致；所选用的设备、部件在连接端口应保持物理特性一致、输入输出信号特性一致。

⑤ 根据系统的规模、业态管理要求，设置安防监控（分）中心。

⑥ 系统宜与入侵报警系统、出入口控制系统、火灾自动报警系统联动。

5）数字视频监控系统应符合下列规定：

① 系统宜采用专用信息网络，系统应满足图像的原始完整性和实时性的要求。

② 传输的图像质量不宜低于4CIF（704×576），单路图像占用网络带宽不宜低于2Mbps。

③ 视频编码设备应采用主流编码标准，视频图像分辨率应支持4CIF（704×576）及以上。

④ 视频解码设备应具有以太网接口，支持TCP/IP协议，宜扩展支持SIP、RTSP、RTP、RTCP等网络协议。

⑤ 系统的带宽设计应能满足前端设备接入监控中心、用户终端接入监控中心的带宽要求，并留有余量。

⑥ 系统中所有接入设备的网络端口应予以管理；需要与外网互联的系统，应具有保证信息安全的功能。

⑦ 系统应提供开放的控制接口及二次开发的软件接口。

6）模拟视频监控系统的技术指标应符合下列规定：

① 宜选用彩色CCD摄像机，彩色摄像机的水平清晰度宜在400TVL以上。

② 摄像机信噪比不应低于46dB。

③ 图像画面灰度不应低于8级。

7）数字视频监控系统的技术指标应符合下列规定：

① 宜选用彩色CCD或CMOS摄像机，单画面像素不应小于4CIF（704×576），单路显示帧率不宜小于25fps；

② 系统峰值信噪比（PSNR）不应低于32dB；

③ 图像画面灰度不应低于8级；

④ 音视频记录失步应不大于1s[1]。

（2）智能门禁管理系统[2]

1）通过对原有的传统门禁系统进行兼容升级，在保留原门禁系统功能的基础上，低成本植入最新的智能门禁模块，从而实现提升住户综合性体验，实现物业高效管控。目前很多智能门禁都支持无线网络，在原有布线的环境基础上，可以实现灵活布置，节省成本（图3-312）。

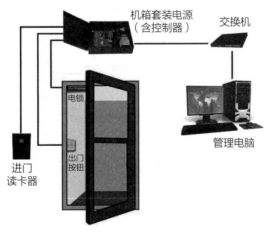

图3-312 智能门禁管理系统架构图

---

① 中华人民共和国国家标准. 民用建筑电气设计标准 GB 51348—2019［S］. 北京: 中国建筑工业出版社, 2019.
② 助力老旧小区改造升级　智能门禁系统成为关键核心设备［EB/OL］. https://baijiahao.baidu.com/s?id=1687560680154228094&wfr=spider & for=pc.

2）智能门禁系统更多地融合了现代科技，可实现传统的刷卡、新型的二维码、人脸识别、手机远程开门等多维度开门方式，其中以解放双手、刷脸通行的人脸识别门禁最为热门，同时满足个性化体验，可针对不同用户提供不同的权限和开门方式（图3-313）。

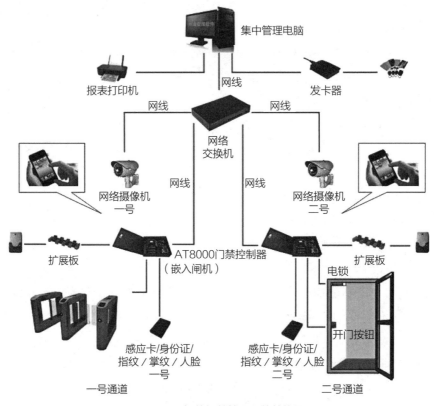

图3-313　智能门禁管理系统结构图

3）通过对老旧小区门禁系统的升级改造，赋能了更多的智能通行以及多维度的开门方式，在取代传统人工登记、减少人工成本的同时，通过综合性平台可建立更加安全的管理机制，为用户提供更安全的生活环境[①]。

（3）出入口控制系统

出入口控制系统（ACS，Access Control System）利用自定义符识别模式和识别技术对出入口目标进行识别，并控制出入口执行机构启闭的电子系统或网络[②]。出入口控制系统主要由识读部分、传输部分、管理/控制部分和执行部分以

① 中华人民共和国国家标准. 民用建筑电气设计标准 GB 51348—2019［S］. 北京：中国建筑工业出版社，2019.

② 中华人民共和国国家标准. 出入口控制系统工程设计规范 GB 50396—2007［S］. 北京：中国计划出版社，2007.

及相应的系统软件组成（图3-314）。

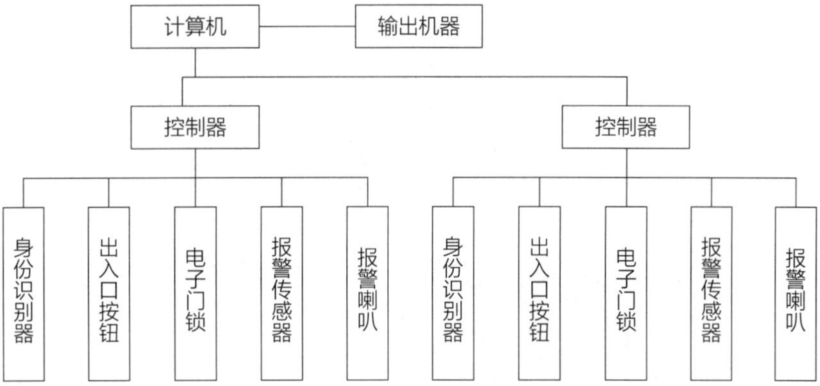

```
                 计算机 ── 输出机器
                   │
        ┌──────────┴──────────┐
      控制器                 控制器
   ┌──┬──┬──┬──┐      ┌──┬──┬──┬──┐
  身 出 电 报 报     身 出 电 报 报
  份 入 子 警 警     份 入 子 警 警
  识 口 门 传 喇     识 口 门 传 喇
  别 按 锁 感 叭     别 按 锁 感 叭
  器 钮    器        器 钮    器
```

图3-314 入口控制系统结构框图

1）实行出入口管理。根据小区的实际情况实施封闭管理，在小区主要出入口设置大门，增设小区门卫值班室，安装车辆道闸等出入管理系统，并鼓励安装人脸识别、红外线自动测温仪等智能设备，保障居民安全。不具备封闭条件的开放式小区，应做应急时可实现封闭管理的改造实施方案。

2）出入口控制系统有多种构建模式。按其硬件构成模式划分，可分为一体型和分体型；按现场设备连接方式可分为单出入口控制设备与多出入口控制设备（图3-315、图3-316）。

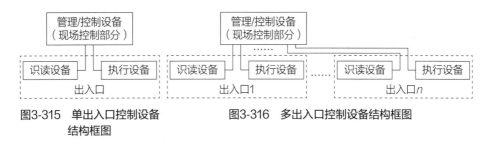

图3-315 单出入口控制设备
　　　　结构框图

图3-316 多出入口控制设备结构框图

3）系统的设置必须满足消防规定的紧急逃生时人员疏散的相关要求，供电电源断电时系统闭锁装置的启闭状态应满足管理要求。

4）出入口控制系统的设计应符合下列规定（图3-317）：

① 根据系统功能要求、出入权限、出入时间段、通行流量等因素，确定系统设备配置；

② 重要通道、重要部位宜设置出入口控制装置；

③ 系统应具有强行开门、长时间不关门、通信中断、设备故障等非正常情况下实时报警功能；

④ 系统从识读至执行机构动作的响应时间不应大于2s；现场事件信息传送

至出入口管理主机的响应时间不应大于5s。

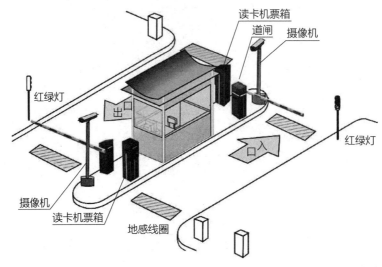

图3-317　出入口控制系统

5）出入口控制系统宜由前端识读装置与执行机构、传输单元、处理与控制设备以及相应的系统软件组成，具有放行、拒绝、记录、报警等基本功能。

6）疏散通道上设置的出入口控制装置必须与火灾自动报警系统联动，在火灾或紧急疏散状态下，出入口控制装置应处于开启状态。

7）系统前端识读装置与执行机构，应保证操作的有效性和可靠性，宜具有防尾随、防返传措施。

8）出入口可设定不同的出入权限。系统应对设防区域的位置、通行对象及通行时间等进行实时控制。

9）单门出入口控制器应安装在该出入口对应的受控区内；多门出入口控制器应安装在同级别受控区或高级别受控区内。识读设备应安装在出入口附近，便于目标的识读操作，安装高度距地宜为1.4m。

10）识读设备与出入口控制器之间宜采用屏蔽对绞电缆，出入口控制器之间的通信总线最小截面积不应小于1.0mm²；多芯电缆的单芯最小截面积不应小于0.50mm²。

11）系统管理主机宜对系统中的有关信息自动记录、打印、存储，并有防篡改和防销毁等措施。

12）当系统管理主机发生故障或通信线路故障时，出入口控制器应能独立工作。重要场合出入口控制器应配置UPS，当正常电源失去时，应保证系统连续工作时间不少于48h，并保证密钥信息及记录信息记忆一年不丢失①。

---

① 中华人民共和国国家标准. 民用建筑电气设计规范GB 51348—2019［S］. 北京：中国建筑工业出版社, 2019.

13）系统宜独立组网运行，并宜具有与入侵报警系统、视频监控系统联动的功能。

14）当与一卡通联合设置时，应保证出入口控制系统的安全性要求[①]。

15）根据需要可在重要出入口处设置行李或包裹检查、金属探测、爆炸物探测等防爆安全检查设备（图3-318）。

图3-318 出入口控制系统

2. 智慧停车系统

智慧停车是指将无线通信技术、移动终端技术、GPS定位技术、GIS技术等综合应用于小区停车位的采集、管理、查询、预订与导航服务，实现停车位资源的实时更新、查询、预订与导航服务一体化，实现停车位资源利用率的最大化、停车场利润的最大化和车主停车服务的最优化。智慧停车的"智慧"就体现在"智能找车位＋自动缴停车费"。服务于车主的日常停车、错时停车、车位租赁、汽车后市场服务、反向寻车、停车位导航（图3-319）。

图3-319 智慧停车系统架构图

---

① 中华人民共和国国家标准. 出入口控制系统工程设计规范 GB 50396—2007［S］. 北京：中国计划出版社，2007.

（1）电子收费系统

电子收费能保证停车收费透明、流向明确，不仅防止停车乱收费，还能缓解小区内交通拥堵、规范停车秩序。停车电子收费主要采用地磁和视频桩两种技术。地磁感应设置在车位中间，有车驶入车位即可进行监测，稳定性高、安装便捷，缺点是离不开停车管理员的拍照取证。视频桩则是在车位的某个角安装视频装置，视频监测车辆驶入驶出，拍照记录下车辆轨迹和车牌号，全程无需停车管理员介入，能够自动实行车辆停放、自助缴费，但单个造价高，施工较为复杂（图3-320）。

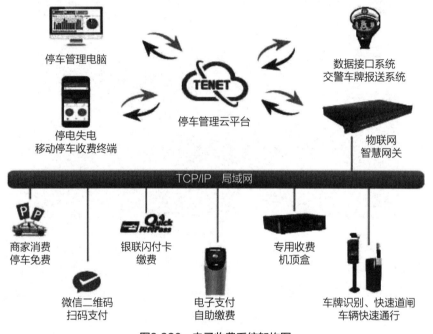

图3-320　电子收费系统架构图

地磁、视频桩技术可以识别车辆身份，所谓的停车费电子支付，就是通过车辆身份识别转换到支付账户直接进行扣款。

（2）车位引导系统

车位引导系统主要用于对进出小区的停泊车辆进行有效引导和管理。该系统可实现泊车者方便快捷泊车，并对车位进行监控，使停车场车位管理更加规范、有序，提高车位利用率。车场中车位探测采用超声波检测或者视频车牌识别技术，对每个车位的占用或空闲状况进行可靠检测。在每个车位上方安装超声波探测器或者视频探测器即可探测到有无车辆停泊在车位上，管理系统将所有探测信息实时采集到系统中，系统通过计算机实时将引导信息反馈给每个引导指示信号器。车位探测可分为：超声波探测，红外探测，地感线圈探测等（图3-321）。

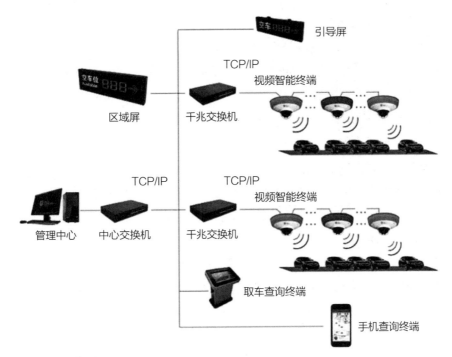

图3-321　车位引导系统架构图

车位引导系统由三部分组成，即数据采集系统、中央处理系统、输出显示系统。

1）数据采集系统[①]

① 在每个车位的正上方安装一个超声波探头（超声波探头地址可根据现场情况进行设定，按顺序由1号开始，逐步递增），8个超声波探头通过RS485总线连接一个探头控制器（也可以通过无线射频传输）。

② 探头控制器通过RS485总线将采集到的车位状态信息进行汇总、处理，然后通过另外一条RS485总线连接到采集终端。探头控制器还可根据收集到的车位信息，进而控制车位照明灯和车位状态灯。最多16个探头控制器（探头控制器地址也可根据现场情况进行设定，按顺序由1号开始，逐步递增）可连接一个采集终端。

③ 采集终端将从各探头控制器收集到的车位信息通过CAN总线传输给数据处理中心（编号为1的采集终端）。CAN总线上最多可连接32个采集终端。

④ 数据处理中心（编号为1的采集终端）通过串口（RS485总线）将采集到的数据实时传递到用于管理的PC机中。PC机进而对车位信息进行处理、统计。数据处理中心还可通过CAN总线下传信息到采集终端上，再由采集终端通过无线或有线的方式发布到附近的空车位显示屏上，以指引驾驶员选择行车路线。

① 车位引导系统［EB/OL］. https://wenku.baidu.com/view/cocbbdfddif 34693daef3e79.html.

2）中央处理系统[①]

其功能为对采集数据进行分析，并在相应输出设备上进行显示。

① 可利用管理PC上的数据，通过局域网或广域网发布本系统的相关数据。

② 可在数据处理中心（1号采集终端）上连接GSM无线MODEM，向城市停车诱导系统控制中心发布（传送或接收）相关数据。

③ 在停车场内的车位数据发布：主要采用在采集终端挂接LED指示屏的方式，这些LED屏安装在停车场入口处或交通分岔路口，指示行车方向和空车位数量。

④ 当车辆进入停车场某一具体区域时，安装有停车位前上方与超声探头相连接的车位指示灯（空位亮绿灯），可指引泊车者将车停到某一具体车位。

3）输出显示系统

它由显示屏和引导牌组成。工作原理：通过车位探测器，将停车场的车位数据实时采集，系统对停车场的车位相关信息进行收集，并按照一定规则通过数据传输网络将信息送至中央处理系统，由中央处理系统对信息进行分析处理后，将各相关处理数据通过输出设备，给停车场内各指示牌、引导牌等提供信息，指导车辆进入相关车位。对于相关的车位信息，系统提供数据查询接口。

目前城镇老旧小区停车难问题亟待解决，而智慧停车系统不仅能识别车辆信息，控制车辆的出入，还将对进出车辆进行管理，协助居民快速停车找车（图3-322）。通过建立智能监控卡口，预先采集业主车牌和车辆信息，在出入口系统使用高效车辆识别联动闸机放行，同时访客来访信息可被推送到被访者的可视对讲室内机，实现了人、车、卡口间的交互，改变以往单一的停车识别方式。更可接入社会治安系统，便于治安防控稽查，更重要的是提高了打击涉车不法行为，更好地维护社会稳定。

① 停车库（场）管理系统是对进、出停车库（场）的车辆进行自动登录、监控和管理的电子系统。

② 停车库（场）管理系统集感应式智能卡技术、计算机网络、视频监控、图像识别与处理及自动控制技术于一体，可对停车库（场）内的车辆进行智能化管理，包括车辆身份判断、出入控制、车牌自动识别、车位检索、车位引导、会车提醒、图像显示、车型校对、时间计算、费用收取及核查、语音对讲、自动取（收）卡等操作。

③ 系统根据建筑物的使用功能和安全防范管理的需要，可独立运行，也可与出入口控制系统、视频安防系统联合设置并联动。

---

① 停车场引导系统的工作［EB/OL］．https://blog.sina.com.cn/s/blog_153811ac40102w8og.html.

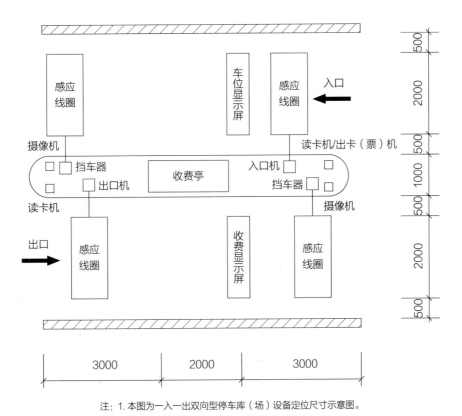

注：1. 本图为一入一出双向型停车库（场）设备定位尺寸示意图。
　　2. 本图中定位的尺寸仅供参考，以工程实际选型为准。

图3-322　停车库（场）管理系统设备布置示意图

④ 有车辆进出控制及收费管理要求的停车库（场）宜设置停车库（场）管理系统。

⑤ 系统应根据用户的实际需求，合理配置下列功能：

入口处车辆统计与车位显示、出口处收费显示；

出入口电动栏杆机（道闸）自动控制；

车辆出入检测与读卡识别；

自动计时、计费与收费；

出入口及场内通道行车指示；

车位引导与调度控制；

消防疏散联动、紧急报警、对讲；

视频监控；

车牌视频识别免取卡出入管理；

智能反向寻车；

多个出入口的联网与综合管理；

分层（区）的车辆统计与车位状况显示；

停车场（库）分层（区）的车辆查询、自助缴费终端。

⑥ 可根据管理需要，采用编码凭证、车牌识别或读卡器方式对出入车辆进行管理。当功能暂不明确时宜采用综合管理方式。

⑦ 停车库（场）的入口区应设置出票读卡机、视频识别摄像机，出口区应设置验票读卡机、视频识别摄像机。停车库（场）的收费管理处宜设置在出口区域。

⑧ 读卡器宜与出票（卡）机和验票（卡）机合放在一起，安装在车辆出入口安全岛上，距电动栏杆机距离不宜小于2.2m，距地面高度宜为1.0～1.4m。

⑨ 停车库（场）内所设置的视频监控或入侵报警系统，除在收费管理室控制外，还应在安防监控中心进行集中管理、联网监控。视频识别摄像机宜安装在读卡器前方位置，摄像机距地面高度宜为1.0～2.0m，距读卡器的距离宜为2.5～3.5m。

⑩ 电动栏杆机识读控制宜采用蓝牙通信技术或采用视频识别技术，有一卡通要求时应与一卡通系统联网设计。

⑪ 停车库（场）管理系统应具备先进、灵活、高效等特点，可利用免取卡、临时卡、计次卡、充值卡等实行全自动管理。

⑫ 车辆检测地感线圈宜为防水密封感应线圈，其他线路不得与地感线圈相交，并应与其保持不少于0.5m的距离。

⑬ 自动收费管理系统可根据管理模式，采用出口处收费、服务台收费或自助缴费等形式。缴费后在规定时间内，在出口直接通过车牌识别或验卡放行，并应具有违规识读、手动开闸等非法操作行为的记录和报警功能。

⑭ 停车库（场）管理系统应自成网络、独立运行，也可与安防综合管理系统联网。

⑮ 停车库（场）管理系统应与火灾自动报警系统联动，在火灾等紧急情况下联动打开电动栏杆机[1]。

⑯ 因需求可配套无障碍设施，无障碍设施是指保障残疾人、老年人、孕妇、儿童等社会成员通行安全和使用便利，在建设工程中配套建设的服务设施。包括无障碍通道（路）、电（楼）梯、平台、房间、洗手间（厕所）、席位、盲文标识和音响提示以及通信。

3. 智慧消防系统

智慧消防系统具备火灾初期自动报警功能，并在消防中心的报警器上附设有直接通往消防部门的电话、自动灭火控制柜、火警广播系统等。一旦发生火灾，智慧消防系统能立即由本区域火灾报警器上发出报警信号，同时在消防中心的报

---

[1] 中华人民共和国国家标准. 民用建筑电气设计标准 GB 51348—2019［S］. 北京：中国建筑工业出版社, 2019.

警设备上发出报警信号，并显示发生火灾的位置或区域代号，管理人员接到警情立即启动火警广播，组织人员安全疏散，启动消防电梯；报警联动信号驱动自动灭火控制柜工作，关闭防火门以封闭火灾区域，并在火灾区域自动喷洒水或灭火剂灭火，开动消防泵和自动排烟装置。

（1）火灾自动报警系统

1）火灾自动报警系统是探测火灾早期特征、发出火灾报警信号，为人员疏散、防止火灾蔓延和启动自动灭火设备提供控制与指示的消防系统。小区鼓励增设智能烟感报警系统及独立式烟感火灾探测报警器，有自动消防设施的小区宜安装城市消防远程监控系统，老旧小区智能消防系统应全面接入"智慧消防"创新云平台（图3-323）。

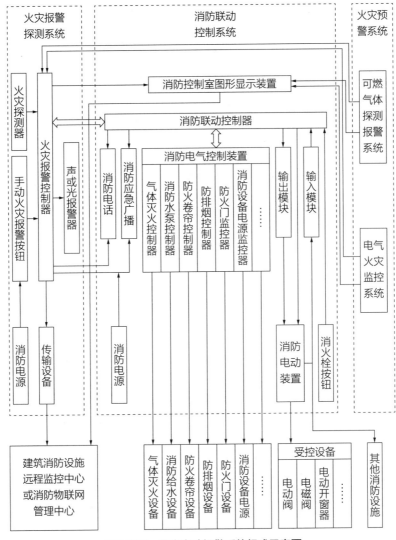

图3-323 火灾自动报警系统组成示意图

2）火灾自动报警系统由火灾探测报警系统、消防联动控制系统、可燃气体探测报警系统及电气火灾监控系统组成。

3）火灾自动报警系统形式应根据设定的消防安全目标、建筑的具体情况及系统的功能不同而确定。火灾自动报警系统应根据展厅面积大、空间高的结构特点，采取合适的火灾探测手段。无遮挡的大空间展厅，宜选择线型光束感烟火灾探测器。高度大于12m的空间，宜同时选择两种及以上火灾探测器。

（2）应急响应系统

老旧小区因为场地狭小、设备老化、人口复杂等因素，存在很多安全隐患。应急响应系统是为应对各类突发公共安全事件，提高响应速度和决策指挥能力，有效预防和消除突发公共安全事件的危害，具有应急技术体系和应急响应处置功能的履行协调指挥职能的系统（图3-324）。

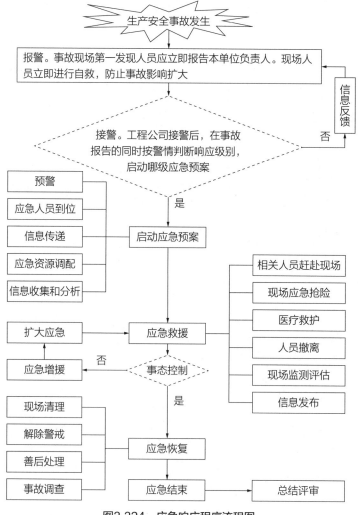

图3-324　应急响应程序流程图

1）老旧小区改造应以火灾自动报警系统和安全技术防范系统为基础，构建数据库资源共享的应急响应系统。

2）应急响应系统应能对所管理范围内的火灾、自然灾害、安全事故等突发公共事件实时报警与分级响应，及时掌握事件情况向上级报告，启动相应的应急预案，实行现场指挥调度、事件紧急处置、组织疏散及接收上级指令等。

3）应急响应系统宜利用建筑信息模型（BIM）的可视化分析决策支持系统，配置有线或无线通信系统、指挥调度系统、紧急报警系统、消防与安防联动控制系统、消防与建筑设备联动控制系统、应急广播与信息发布联动播放系统等（图3-328）。

4）应急响应系统应纳入建筑物所在区域应急管理体系并符合有关管理规定，系统设备可设在安防监控中心内。

（二）数字化管理系统

针对社区中存在的居委会、业委会和物业公司"三张皮"矛盾，街道—社区管理体制不顺，各政府部门信息条块分割导致效率低下和社会组织发育滞后等问题，为进一步发挥社区作为基层治理平台的重要作用，构建党委统领、政府导治、居民自治、平台智治的社区治理体系，提高社区治理效率，老旧小区数字化改造将多个场景功能融合在一个系统，即数字化管理系统，实现便捷控制、多跨联动的理念，不仅可以运用到未来社区的建设中，也可运用在城镇老旧小区改造工程中。要实现老旧小区多跨场景联动，一是率先引领示范，加强组织领导，高效推动工作落实。二是聚焦两个重点，集中精力推动"智慧医疗""社区文化"等系列多跨应用场景高质量落地，将"规定动作"做到位、出成效。三是积极探索"邻系列"，发动市场主体力量共同开发建设。四是围绕问计于民、高频需求、多跨场景、最佳实践等方面进行梳理，清单化推进。五是优化平台建设，与"城市大脑"打通，为未来社区数字社会建设夯实有力基础。六是要注重多元共建，凝聚全社会协同合力，加快形成可学、可看、可体验的实践成果。

数字化管理系统包括应用体系、友好邻里数字化、舒心健康数字化、全龄教育数字化、精细治理数字化、品质服务数字化。

1. 应用体系

搭建数字化精益管理平台。依托社区智慧服务平台，促进"基层治理四平台"整合优化提升，配置一定规模的社区服务大厅，设置无差别受理窗口。以社区人口基础信息和条线信息数据为基础建设未来社区数据中心，着力解决社区管理过程中条线数据信息割裂、数据重复采集、数据一致性差、自有基础数据缺失等问题；基于完善的社区数据体系建立数据检查代替台账考核的机制，解决社区督查检查考核过多过频、社区工作过度留痕等问题。

开发并推广基于AI技术的社区功能集成综合运营APP。整合"四个平台"[①]建设，开发面向社区居民客户端的APP，对于社区治理问题，居民可通过手机客户端APP以拍照、录像、语音等形式上传，后台AI系统对各项数据进行统筹、分析、处理，以实现快速响应。同时，基于社区APP，居民可以"抢单"参与问题处理和化解，实现居民自主参与社区治理（图3-325）[②]。

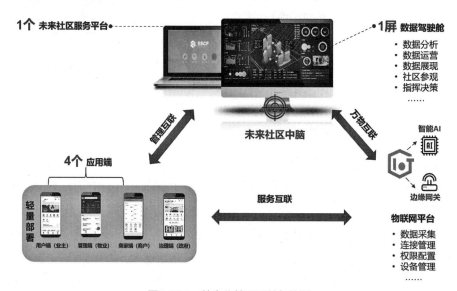

图3-325　数字化管理系统架构图

2. 友好邻里数字化

在打造"友好邻里"数字化中，以社区邻里中心为落地载体，通过社区服务平台实现精细化运营管理，以"一个小程序"为入口，实现政府、居民、商户、物业全触达，以社区为主体，融入"浙里办""邻里通"，实现社区多跨场景的实现。

友好邻里数字化的打造主要包括邻里开放共享和邻里互助生活等内容。

（1）邻里开放共享

社区资源线上分享，线上线下结合提供生活帮助，互惠互利。社区居民各类资源分享，如顺风车出行分享、二手物品交易、知识分享、服务分享等信息，结合社区服务平台互通信息，提供具体生活帮助。提供线上工具，方便管家组织活动；为广大业主和游客提供健康快乐的生活方式。同时，业主也可以将内容分享给朋友，让快乐传递。对接当地已有的志愿者服务平台，将已有数据进行互

[①] 四个平台为：综治工作平台、市场监管平台、综合执法平台、便民服务平台。
[②] 创新全域治理共建未来社区［EB/OL］. https://www.sohu.com/a/340751719_120206830.

通，利用平台解决组织创建、活动报名、活动签到、证书发放、积分存取等问题（图3-326）。

社区公告　　　　话题共享　　　　邻里互助　　　　气象预警

图3-326　邻里开放共享

（2）邻里互助生活

制定邻里公约，建立邻里社群，引入志愿者，生活互助、资源共享，架起居民之间的情感沟通桥梁，打造温情社区、和谐社区；社区线上社团组织、报名、签到、预定场地，线下参与活动。组织专业特色文化社团，如琴棋书画、运动休闲、修身养性等社群，线上线下结合，开展各类活动，丰富社区生活，拉近居民沟通距离。居民通过"服务换积分，积分换服务"机制，共创共建互帮互助、爱心公益、绿色环保的未来社区，提升社会人文，共建和谐邻里文化（图3-327）。

活动发布　　　　志愿者活动　　　　活动签到　　　　积分管理

图3-327　邻里互助生活

3. 舒心健康数字化

在打造"舒心健康"数字化中，为精准发放"幸福清单"，持续推进大救助平台数据集成和共享，不断优化数据应用场景。全面推开困难群众救助"一件事"联办，每个设区市至少建设1家县级救助服务实体机构，实现养老机构开业"一件事"线上办理，拓展"幸福养老"指数、养老数字地图、养老护理员培育、智慧养老院及家庭养老床位等场景建设。

舒心健康数字化的打造主要包括智慧健康管理、品质医疗服务、社区养老助残等方面。

（1）智慧健康管理

以数据驾驶舱的方式展现社区的卫健数据，并以二级界面的方式展示深度数据；建立居民电子健康档案，完善家庭医生服务，提供定制化健康膳食服务（图3-328）。

（2）品质医疗服务

建设智慧化社区卫生服务站，通过数字健康新服务场景应用以及社区智慧服务平台对接，数字赋能于基本医疗、健康管理等服务，在区域整合型医疗卫生服务体系内为居民提供全方位全周期医疗卫生服务，实现"健康大脑＋智慧医疗"在医疗卫生服务体系网底的集中整体展现（图3-329）。

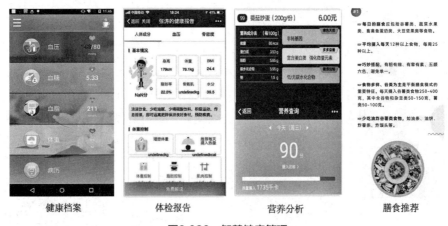

健康档案　　　　体检报告　　　　营养分析　　　　膳食推荐

图3-328　智慧健康管理

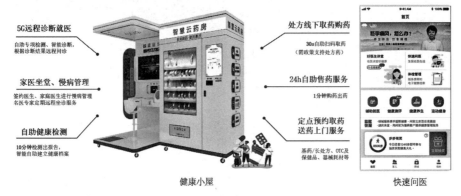

健康小屋　　　　　　　　　快速问医

图3-329　品质医疗服务

（3）社区养老助残

搭建养老助残服务体系，承载居民呼叫中心职能，为社区独居老人/残疾人提供预约服务、巡视探访、膳食供应、生活照料、健康管理、精神关怀等综合性服务。重点关注老年人的健康问题，同时给老人配备智能手环，实时跟踪老人的心率、血压等健康指标，指标异常实时报警通知紧急联系人，同时在社区驾驶舱中实时联动展现。对接残联数据，驾驶舱可展示相关残疾人员的统计数据对接残联平台，用户可通过小程序进入平台（图3-330）。

搭建长者助餐服务体系，老人自主或由护工协助点餐后，系统产生菜品统计表和点餐表，食堂可按照统计表进行采购，烹饪后，按照点餐为老人送餐、分餐。老人也可到食堂通过人脸识别进行就餐登记，避免错领、冒领。自动生成就餐报表（图3-331）。

上门服务　　　　紧急救护　　　　助残服务　　　　用药管理

图3-330　社区养老助残

长者服务　　　　　　　上门服务

图3-331　社区养老助残

了解服务对象的特点，积极努力与长者建立良好的关系，提供基于手机端的长者服务，给老年人带来更多的生活便利性。

4. 全龄教育数字化

在打造"全龄教育"数字化中，以教育数据化管理系统为中心，社区管家线上线下全方位服务，提供健全的管家培训机制。完善全民终身学习推进机制，扩大优质教育资源覆盖面，满足居民个性化学习需求，高质量营造未来教育场景，加快建设终身学习的学习型社会。

全龄教育数字化的打造主要包括托育全覆盖、知识在身边、教育资源共享等方面。

（1）托育全覆盖

托教融合，向社区家长提供幼托服务，同时结合视频监控，让家长安心，解除后顾之忧（图3-332）。

（2）知识在身边

配建共享图书柜，鼓励居民捐赠书籍，建立积分换书机制，推动知识流动，形成良性循环（图3-333）。

图3-332　托育全覆盖　　　　　　　　图3-333　知识在身边

（3）教育资源共享

对接学区信息与线上教育平台，精选优质国际化课程，实现教育资源共享，社区人员也可通过线上报名的方式，进行在线预约。打通社区与中小学远程交互学习渠道；将学区信息接入智慧服务平台，为居民提供线上学区信息服务（图3-334）。

5. 品质服务数字化

在打造"品质服务"数字化中，社区居民画像主要是老人小孩居民居多，围绕人群需求，在调动原有特色场景的情况下，嵌入多项高频应用，与社区有机融合，社区居民可以通过微信小程序实现线上点餐、健康档案、一键报警、预约挂号等功能，实现社会事业公共服务在社区中的高效供给。

| 学区信息 | 远程课堂 | 线上报名 | 名师在线 |

图3-334 教育资源共享

品质服务数字化的打造主要包括社区商业服务供给、"平台＋管家"模式等方面。

（1）社区商业服务供给

提供健全的管家培训机制，物业服务互联网升级。食品安全溯源，让社区居民吃上放心菜。农残检测数据、进场批次能溯源并实时交互。客流分析，采集进出人流，分析人流量、交易时段、成交量之间的关系，为菜场可持续运营提供大数据支撑。全面支持网上买菜与预约，为不方便出门以及上班族居民提供最大方便；全程自助式食堂，方便居民用餐。手机事先预存费用、在线订餐和支付，减少拥挤（图3-335）。

| 智慧菜场 | 幸福食堂 |

图3-335 社区商业服务供给

（2）"平台＋管家"模式

对社区公共设备做到随拍即可反馈，做到工单全流程管控。居民可以对服务进行打分评价，提高服务质量。对近期具体天气情况和近期预警信息实时提示播报，使得居民出行提前有所准备，避免天气原因造成不便。居民可以实时获取今日食堂套餐种类及价格。整合多方资源赋能社区管家，实现线上线下全方位服务（图3-336）。

报事报修　　　生活缴费　　　一键管家　　　投诉建议

图3-336　"平台＋管家"模式

6. 精细治理数字化

在打造"精细治理"数字化中，依托社区智慧服务平台整体布局，纵向打通卫健、民政、残联、文体、党建等多层数据，产生的数据也会传到社区平台，政府侧、居民侧、物业侧、市场侧数据互联互通，初步形成未来社区数字孪生空间。

精细治理数字化的打造主要包括党建引领、社区居民参与等方面。

（1）党建引领

汇集社区党群负责人信息、党员年龄性别分布信息、党员详情列表信息和党建要闻信息。构筑社区党建主阵地，推动党建服务下基层，发挥党建在社区治理工作中的核心引领作用（图3-337）。

图3-337　党建引领

（2）社区居民参与

建设社区居民自治服务系统，构建未来社区居民自治组织，对于社区主要关键事件进行讨论决策；上报社区不文明行为，对社区整体治理进行线上督察督办，匿名打分；鼓励社区居民通过平台建立兴趣圈子，在节假日发布心意，线上平台展示心愿墙；居民手机APP组织各类社区活动互帮互助，和谐共创居民手机"随手拍"，社区社情随时上报，美好家园、共同维护；对接政府各种民生服务，通过线上系统为未来社区居民提供在线政务民生服务，如：社保/公积金/法律咨询/城市行政/消费维权等各类政务服务，社区居民通过APP自助式提交个人服务（图3-338）。

随手拍 居民自治 互帮互助 线上政务服务

图3-338 社区居民参与

第四章

城镇老旧小区改造现场管控①

---

① 建设工程安全文明施工标准 SJG 46—2018［S］.

第一节　现场设施

一、基本规定

（1）本标准适用于各类新建、扩建、改建的房屋建筑工程（包括与其配套的线路管道和设备安装工程、装饰工程）市政基础设施工程、道路交通工程、水务工程、电力工程和拆除工程。施工现场的安全文明施工除应执行本标准外，还应符合国家现行有关法律法规和标准规范的相关规定。

（2）建设工程安全文明标准化管理工作应坚持"创新、协调、绿色、开放、共享"五大发展理念，牢固树立安全第一、以人为本的思想。

（3）建设工程安全文明施工标准化管理工作应遵循"安全、绿色、美观、实用"原则：

1）提高设施设备安全性能标准，强化安全教育培训效能，提升建筑工地安全生产水平；

2）贯彻绿色发展理念，优先使用可循环利用的材料及装配式产品，提升施工现场环境保护标准；

3）打造干净、整洁、美观的工地外观形象，实现与周边环境的和谐统一；

4）高标准建设，合理投入，在经济实用的基础上兼顾各类建设项目的适用性；集成安全文明施工管理方面行之有效的实用技术、措施，推广智能化与信息化技术。

（4）城镇老旧小区改造建设工程，应做到施工简便、设置灵活、经济合理，并确保施工可行和居民出行安全，最大限度降低改造施工对居民的生活干扰。

（5）施工单位对安全文明施工标准化管理负主要责任。

1）应当按照相关法律、法规、规章以及标准规范，结合工程特点和作业环境要求，编制文明施工专项方案及安全施工专项方案，落实安全文明施工标准化措施。

2）确保安全文明施工措施费专款专用，在财务管理中单独列出安全文明施工措施项目用清单备查。

3）工程总承包单位对建筑工程安全文明施工措施费的使用负总责。总承包单位应当按照本规定及合同约定及时向分包单位支付安全文明施工措施费。总承包单位不按本规定和合同约定支付费用而造成分包单位不能及时落实安全防护措施导致发生事故的，由总承包单位负主要责任。

（6）监理单位对安全文明施工标准化管理负监理责任：

1）应对施工单位落实安全文明施工措施情况进行现场监理，应将安全文明施工专项方案是否符合标准要求纳入开工条件审查内容，应组织建设、施工单位对应在开工前实施的临时设施、安全文明措施进行开工条件验收。专项方案不符合标准要求或开工条件验收不合格的，不得签发开工令。

2）发现施工单位未落实施工组织设计及专项施工方案中安全防护和文明施工措施的，应责令其立即整改；对施工单位拒不整改或未按期限要求完成整改的，工程监理单位应当及时向建设单位和建设行政主管部门报告，必要时责令其暂停施工。

3）对施工单位已经落实的安全文明施工措施，总监理工程师或者造价工程师应当及时审查并签认所发生的费用。

二、施工区

1. 场地布置基本要求

（1）施工区临时设施及平面布置方案应进行专项设计，并报监理审批；施工区临时设施及平面布置方案设计应包含大门及附属设施、围挡、临时休息区、材料堆放场等，场地布置应科学合理。

（2）施工区现场设施应满足消防、防洪防涝、环境保护、施工管理、信息管理等方面要求。

（3）施工道路规划宜永临结合，并要求实现人车分流，形成环形通路，保障场内交通安全。

（4）施工区内除基坑开挖及围护结构施工区域外所有区域应进行场地硬化或绿化处理。

（5）施工区应与办公区及生活区划分清晰，并有效分隔。

（6）施工区主出入口外侧应设置"七牌一图"等项目相关标牌。

（7）施工区应设置不少于一处可移动式厕所，楼层超过8层的，每8层设置一处；移动式厕所每天要安排专人负责清理，保证现场环境卫生。

2. 施工区大门及附属设施基本要求

（1）施工区主次出入口大门均应进行专项设计，并与围挡及施工用房等其他设施风格相匹配。

（2）施工区主出入口大门应当设置门卫岗亭、七牌一图、实名制管理闸机、电子信息公示牌等配套设施；施工区出入口根据需要设置，并应符合实名制管理的要求。

3. 施工区围挡

（1）工期在半年以上的工程，应采用连续、封闭的钢结构装配式围挡。

（2）工期15日以上及半年以下的工程，可采用PVC围挡。

（3）工期在15日以下的工程，可采用标准密扣式钢围栏（铁马）或水马围挡（图4-1）。

| 铁马围挡示意图 | 高围挡水马示意图 | 滚塑三孔水马围挡示意图 |

图4-1　围挡

（4）材质适用要求：

市区主要路段和市容景观道路及机场、码头、车站广场区域设置钢结构围挡的，面板可采用烤漆板材质，其他区域的钢结构围挡面板可采用镀锌钢板。

（5）功能集成要求：

1）施工区围挡应设置自动喷淋系统。

2）施工区围挡可根据需要设置附着于围挡结构的专用电气桥架。

4. 人车分流

（1）施工区实行人车分流；对大型设备作业区域，通过布置栏杆、铁马、拉设警示带等进行隔离。

（2）场内道路设置完善的交通导引、防护设施（如临时围挡、栏杆、铁马、水马、交通筒等）及交通安全警示标志、标牌。

（3）车行道路面应按照规范要求进行道路硬化。

（4）应对场区内管线进行标识或采取防护措施，防止被大型设备破坏；大型设备需横穿管线沟时，应制定管线井、沟防护方案。

（5）夜间应保证场区道路照明充足。

5. 材料堆场

（1）施工现场工具、构件及材料的堆放，应按照总平面布置图放置，材料堆放区应使用高度1.2m的工具式护栏（格栅式或网片式）进行隔离分区。

（2）各种材料、构件堆放应分类和分规格堆放，并设置明显标志。

（3）钢材及钢筋半成品堆放高度不得大于1.2m。模板、木方等堆放高度不得大于1.5m。砌体材料堆放高度不得大于1.8m。

（4）材料堆放需稳固可靠，不得依靠施工围挡、临建板房；不得堆放在基坑周边临空处、基坑支撑梁上等有安全隐患的位置。

（5）堆场地面硬化、平整，有排水措施；设告示牌及警示标识。

（6）塔式起重机堆场立放时，采用钢丝绳将支撑标准节顶部四角固定；卧放时，标准节间、标准节与地面之间设置木枋，不超过2节，且高度≤5m；吊运绑钩及取钩前，设置垂直爬梯，方便人员上下；堆放边缘距离防护栏杆净距≥2m，设警示牌。

6. 标识标牌

施工现场使用的安全标志牌应符合国家标准《安全标志及其使用导则》GB 2894—2008。

（1）标志牌应在显著位置固定设置，不得设在门、窗、架等可移动的物体上。标志牌内容应充分考虑与设置位置危险因素的关联性。

标志牌的设置高度应尽量与视线高度一致。

（2）不同类型标志牌同时设置时，应按警告、禁止、指令、提示类型的顺序，先左后右、先上后下地排列。

（3）标志牌的固定方式可采用附着式、悬挂式或柱式。悬挂式和附着式的固定应稳固不倾斜，柱式标志牌和支架应牢固连接。

（4）七牌一图（图4-2）：

图4-2 七牌一图

施工区主出入口外侧应设置七牌一图，从左往右依次是：工程概况牌、消防保卫牌、安全生产牌、文明施工牌、管理人员名单及监督电话牌、重大危险源公示牌、施工现场总平面图，并应预留一个标牌用于摆放施工安全隐患重点督办项目牌，标牌应规范、整齐、统一。

7. 导向标

（1）颜色、含义及用途（图4-3）。

（2）基本要求：要求两种颜色间的宽度相等，一般为10～15cm，可根据设施、机具大小和安全标志的位置不同，采用不同的宽度，在较小的面积上其宽度要适当地缩小，每种颜色不能少于两条，斜度与基准面成45°角。

示例	间隔条纹颜色	含义	用途举例
	红色和白色	禁止通过	交通运输等方面所使用的防护栏杆及隔离墩；固定禁止标志的标志杆上的色带
	黄色和黑色	警告危险	应用于各种机械在工作或移动时容易碰撞的部位，如移动式起重机的外伸腿、起重臂端部、起重吊钩和配重；固定警告标志的标志杆上的色带
	蓝色和白色	指标方向	交通指向导向标

图4-3　导向标

（3）安全标志类型和图形：

1）禁止标志：禁止标志牌的基本形式是白色长方形衬底，涂写红色圆形带斜杠的禁止标志，下方文字辅助标志衬底色为白色，字体为黑体字。标志牌采用镀锌铁板、PVC板或塑料板（图4-4）。

图4-4　禁止标志

2）警告标志（图4-5）：警告标志牌的基本形式是白色长方形衬底，涂写黄色正三角形及黑色标志符警告标志，下方为黑框白底，黑体字；标志牌采用镀锌铁板、PVC板或塑料板制作，警告内容根据图标自定。

3）指令标志（图4-6）：指令标志牌为白色长方形衬底，上面涂写蓝色圆形标志，标志符为白色，下方文字辅助标志衬底色为蓝色，字体为黑体字。标志牌采用镀锌铁板、PVC板或塑料板制作，指令内容根据图标自定。

4）提示标志（图4-7）：提示标志牌的基本形式是绿色正方形，标志符为白色，下面为黑体字。标志牌采用镀锌铁板、PVC板或塑料板制作，提示内容根据图标自定。

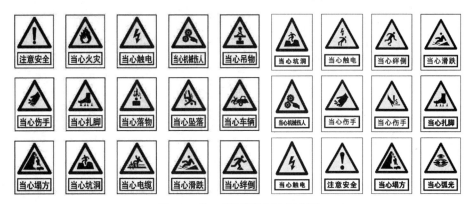

图4-5 施工现场警告标志示意图

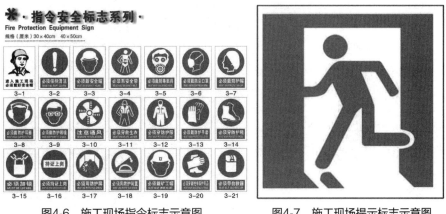

图4-6 施工现场指令标志示意图

图4-7 施工现场提示标志示意图

第二节 施工设施

一、办公区

1. 场地布置基本要求

（1）办公区临建设施应统一规划，并编制临建方案，经监理审批后实施；方案应包含大门、围挡、办公用房、场地道路硬底化、绿化等内容。

（2）办公区总体布局应合理，并满足采光通风要求；场内排水系统应完善。

（3）办公区应优先采用模块化箱房，根据现场条件组合形成的各种功能间应满足现场办公的需要。模块化箱房室内电气线路应暗装，屋顶应设置保温隔热材料。

（4）办公区消防通道应硬底化，且其布置需满足消防要求，其他区域应进行绿化或铺设植草砖（透水砖）彩砖等。办公区集中绿地率不应低于10%。

2. 办公区大门

（1）办公区大门应与围挡及施工用房等其他设施风格相匹配，材质可采用钢结构或砖砌式形式。

（2）办公区大门应当设置门卫岗亭等配套设施，并配备安保人员24小时值守；大门侧面应设置供人员进出的专用通道；大门出入口宜采用自动伸缩式大门。

（3）办公区大门构造参照施工区次出入口大门构造。

3. 办公区围挡

办公区围挡应采用连续、封闭的钢结构装配式围挡或砖砌式围挡，砖砌式围挡应采用再生砌块；在本市主要路段和市容景观道路及机场、码头、车站广场区域的钢结构装配式围挡面板宜采用烤漆板材质。

4. 办公区用房

办公区用房应优先采用模块化箱房（图4-8）。生产厂家应提供产品设计说明及使用说明：

图4-8　模块化办公箱房

① 材料应满足国标的要求。

② 应满足抗风抗震及荷载要求。

③ 应满足建筑防火要求。

④ 应满足建筑物防雷要求。

⑤ 应满足节能环保要求。

（1）模块化箱房（图4-9）

图4-9 标准箱

1）以标准的模块化箱体为单元，对箱体单元进行空间组合，可通过拆卸单元墙体形成不同大小的空间。

2）箱体包括标准箱、楼梯箱、卫生间箱、走道箱等基本单元。

3）基本单元的焊接、油漆、内装、管线均应在工厂完成。

4）走道应封闭。

5）电气线路应暗装。

（2）标准箱

1）箱体以 6m（长）×3m（宽）×3m（高）为基本尺寸，根据需要可适当调整，但室内净高应不小于2.5m。

2）采用塑钢窗或铝合金窗，铝型材厚度应不低于1.2mm，采光面积应不小于1.6m^2，通风面积应不小于0.8m^2。

3）钢制平开门的宽度应不小于850mm，高度应不小于2000mm。

4）主体结构应满足承载力的要求，且厚度应不小于3mm；其他结构材料应选用国标型材，厚度应不小于1.5mm；钢材性能不低于Q235。

5）墙板用彩钢金属夹芯板，芯材为玻璃棉，总厚度应不小于50mm，彩钢板厚度应不小于0.4mm，玻璃棉容重应不小于56kg/m^3。

6）地板应使用不小于15mm的水泥纤维板，面层铺设PVC地板时厚度应不小于1.5mm。

7）屋顶保温厚度应不小于50mm，玻璃棉容重应不小于14kg/m^3。

（3）卫生间箱（图4-10）

图4-10 卫生间箱

1）外形尺寸应与标准箱一致。

2）隔断高度应不低于1.8m。

3）地面应使用防滑地砖或防滑PVC。

（4）楼梯箱

1）外形尺寸应与标准箱一致。

2）楼梯梯段宽度不小于1.2m，踏步宽度不小于250mm，踏步高度不大于165mm。踏步板应采用花纹钢板，厚度不小于3mm。

（5）走道箱

1）以6m（长）×1.8m（宽）×3m（高）为基准尺寸，根据需要可适当调整。

2）外侧应封闭，宜采用玻璃幕墙。

5. 旗台

（1）位置：旗杆立于现场项目部办公区进门中轴位置。

（2）旗杆：旗台后面竖立三根旗杆，采用不锈钢材质制作。

（3）旗台：宜采用混凝土浇筑或砖砌，旗台正面标注项目名称或公司名称。

二、生活区

1. 场地布置基本要求

（1）生活区应统筹安排，合理布局，满足安全、消防、卫生防疫、环境保护、防汛、防洪等要求。整体规划应因地制宜，节约用地。

（2）生活区与施工作业区、办公区应划分清晰。

（3）生活区所有临时房板应采用A级防火等级板材，板材厚度及刚度应满足要求；临时板房在设计中应考虑防台风。

（4）生活区板房栋与栋之间防火间距不小于3m，消防通道及水源、灭火器满足要求。

（5）生活区室外可适当进行绿化或铺设植草砖（透水砖）、彩砖等，非绿化区域和道路应进行硬化，不得有裸露土体。

（6）生活区消防通道应硬底化，且其布置需满足消防要求。

2. 生活区大门

（1）生活区大门应与围挡及施工用房等其他设施风格相匹配，材质可采用钢结构或砖砌式等形式。

（2）生活区大门应当设置门卫岗亭等配套设施，并配备安保人员24小时值守；大门侧面应设置供人员进出的专用通道。

（3）生活区大门构造参照施工区大门构造。

3. 生活区围挡

（1）生活区围挡应采用连续、封闭的钢结构装配式围挡或砖砌式围挡。砖砌式围挡应采用再生砌块，在市区主要路段和市容景观道路及机场、码头、车站广场区域的钢结构装配式围挡宜采用烤漆板材质的钢结构围挡。

（2）生活区围挡根据需要设置附着于围挡结构的专用电气桥架等。

（3）生活区围挡构造参照施工区围挡构造。

4. 生活区用房

（1）生活区用房可根据现场情况选用以下三种类型：

① 模块化箱房（图4-11）；② 拆装式四坡板房（图4-12）；③ 拆装式双坡板房（图4-13）。

图4-11 模块化箱房　　图4-12 拆装式四坡板房　　图4-13 拆装式双坡板房

（2）生活区用房应满足以下基本要求：

① 材料应符合国标的要求。

② 满足抗风抗震及荷载的要求。

③ 满足建筑防火疏散的要求。

④ 满足节能环保的要求。

第三节　施工安全

一、安全防护

1. 临边防护（图4-14）

网片式防护栏

格栅式防护栏

防护栏之间由立柱相连

楼梯临边防护示意图

图4-14　临边防护

（1）施工现场临边防护应采用标准化定型式防护，防护类型有网片式和格栅式两种，楼层临边防护必须采用网片式。

（2）格栅式防护栏外框采用30mm×30mm×2.5mm方钢，每片高1200mm，宽1900mm，下部内外两侧加200mm高钢板作为挡脚板，格栅立杆间距≤125mm。

（3）网片式防护栏外框采用30mm×30mm×2.5mm方钢，每片高1200mm，宽1900mm，下部内外两侧加200mm高钢板作为挡脚板，中间采用钢板网，钢丝直径或截面不小于2mm，网孔边长不大于20mm。

（4）立柱采用40mm×40mm×2.5mm方钢，在上下两端250mm处各焊接50mm×50mm×6mm的耳板，立杆统一使用竖向长孔耳板，横向围栏统一使用横向长孔耳板，两道连接板采用10mm螺栓固定连接。

（5）楼梯临边防护。

① 连接件规格：ϕ57mm×3.5mm钢管。备注：直角弯头、三通、四通均为等边尺寸。

② 防护采用两道栏杆形式，栏杆离地1200mm。

③ 安装牢固。

2. 洞口防护（图4-15）

图4-15 洞口防护

（1）洞口防护短边尺寸（<1500mm）

① 采用ϕ6@150mm单层双向钢筋作为防护网，网格间距≤200mm，在混凝土浇筑前预设于模板内。

② 模板拆除后，在洞口上部采用硬质材料封闭，并穿孔用钢丝绑扎于预留钢筋上，或者锯出相当长度的木枋卡固在洞口内，然后将硬质盖板用铁钉钉在木枋上，作为硬质防护。

③ 盖板四周要求顺直，刷警示漆。

④ 当洞口安装管线时，可切割相应尺寸的钢筋网片，余留部分作为安装阶段的防护措施。

⑤ 施工过程中可对临边及洞口防护统一进行编号，并在楼层内设置布置图，以方便管理。

（2）洞口防护（≥1500mm）

① 采用ϕ6@150mm单层双向钢筋作为防护网，网格间距≤200mm，在混凝土浇筑前预设于模板内。

② 洞口四周搭设工具式防护栏杆（采取三道栏杆形式，立杆高度1200mm，下道栏杆离地200mm），中道栏杆离地600mm，上道栏杆离地1200mm，下口设置200mm挡脚板并张挂水平安全网。

③ 防护栏杆距离洞口边不得小于200mm。

（3）人工挖孔桩桩口安全防护

① 桩（井）开挖深度超过2000mm时，必须搭设临边防护。临边防护高度不得低于1200mm，同时在桩口设置半圆盖板进行覆盖。

② 半圆防护杆件宜采用钢筋等硬质刚性材料制作，其水平横杆不得少于2道，竖向立杆不得少于4道且竖向立杆间距不得大于500mm；且杆件之间空隙应采用密网封堵。

③ 采用钢筋制作横杆及立杆，其横杆直径不得低于10mm，立杆直径不得低于20mm。半圆防护必须牢固可靠。半圆盖板尺寸大于桩（井）口300mm。

（4）后浇带防护

① 后浇带用模板全封闭隔离。

② 两侧设砌筑挡水坎，挡水坎应平直美观。

③ 板面刷警示漆。

（5）电梯井防护

① 电梯井口防护材质同楼层临边防护，应采用网片式或格栅式两种类型。

② 防护栏高为1500mm，宽度根据现场实际情况确定。

③ 在防护门上口两端设置ϕ16钢筋作为翻转轴，以使门上下翻转。

④ 在防护门底部安装不低于200mm高踢脚板，防护门外侧张挂"当心坠落"安全警示牌。

⑤ 安装电梯之前电梯门采取满封封闭式防护，经验收合格后履行移交手续。

⑥ 超长电梯井防护应采用网片式和格栅式两种类型，高度不低于1500mm。

⑦ 电梯井、风井等内部的水平防护，要求在施工作业层张挂水平安全兜网，

施工作业层以下应隔层且不大于10m设置一道硬质水平防护。

（6）竖向洞口防护

对于剪力墙结构，楼层竖向洞口高度低于800mm的临边可以采用8号立柱作为横杆进行防护，其端部采用专用连接件进行固定。

3. 通道防护（图4-16）

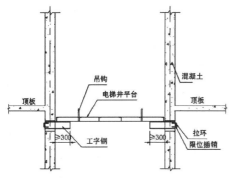

（a）施工楼梯休息平台示意图

（b）工具式爬梯示意图　　　　　（c）工具式垂直通道防护示意图

图4-16　通道防护

（1）钢管垂直通道防护

① 通道采用ϕ48×3.5钢管搭设，立杆、小横杆、大横杆之间的连接均按要求采用相应的直角扣件、对接扣件及回转扣件。

② 通道正立面、侧立面长度及高度由底至顶连续设置剪刀撑，剪刀撑斜杆与地面的夹角为45°～60°。外立杆、水平杆表面刷黄色油漆，剪刀撑、防护栏杆均刷黄黑相间油漆警示色。

③ 相邻两跑坡段间设置转接休息平台，斜道两侧应设置踢脚板和双道防护栏杆。踢脚板高度200mm，栏杆和踢脚板表面刷红白警示色。

（2）工具式垂直通道防护

① 工具式竖向安全通道适用于施工场地狭小、边坡较陡或垂直支护的基坑、上下主体商铺楼层之间、桥梁施工等场所。

② 通道每个标准节大小及构造可根据实际场地和需要，设置单跑或双跑楼

梯及休息平台，楼梯侧边设置防护栏杆，四周采用型钢及钢板网进行防护，标准节之间通过螺栓连接，每间隔一个标准节设置连墙措施，与基坑可靠连接。

③ 除工具化通道之外也可使用钢管搭设"之"字形安全通道，基坑与主体施工阶段上下作业面条件困难时，必须要在方案中对专项通道明确进行要求和设计。

（3）工具式爬梯

① 用于边坡与地面夹角小于60°的基坑，或上下主体作业面处。

② 工具组装式爬梯由梁梯、踏板、立杆、横杆及转换平台组成。

③ 两侧设置防护栏杆，立杆间距≤2000mm；上、下横杆高度分别为1200mm和600mm。

④ 梁梯选用不小于12号的槽钢；踏板选用4mm厚花纹钢板，踏步外沿设螺纹钢防滑条，踏板与梯梁采用螺栓连接。

⑤ 立杆、横杆均选用ϕ48钢管。

⑥ 转换平台选用4mm厚花纹钢板，设置高200mm的踢脚板。

⑦ 斜向爬梯通道也可使用钢管搭设"一字形"通道，宽度不应小于1000mm，高度大于6000mm时应设休息平台。

（4）安全通道（图4-17）

图4-17　安全通道

① 下层作业的位置，必须处于依上层高度确定的可能坠落范围半径以外。不符合以上条件时，必须搭设安全通道或防护棚。

② 搭设在塔式起重机回转半径和建筑物周边的安全通道必须设置双层硬质防护。

③ 通道地面需硬化，宜选用混凝土地面。

④ 立柱与地面连接方式使用埋件或增强型膨胀螺栓固定连接。

⑤ 通道顶部应张挂安全警示标识和安全宣传用语的横幅。

⑥ 安全通道两侧需悬挂2000mm高的宣传横幅。

⑦ 进入主楼或地下室的安全通道，必须设置在便于通行的位置。

二、楼层悬挑外挑网

① 工具式悬挑外挑网，尺寸为1500mm×3000mm，周边及中间框架采用50mm×50mm×3mm方钢作为主框架，中间使用孔径不大于10mm的钢板，钢板厚度不小于2mm。两侧使用耳板拴接，外沿组装20mm高挡脚板。

② 标准件底部焊接两根不低于200mm长的普通钢管，钢管与方钢满焊，使用直角扣件与外架大横杆相连接，中间的横梁预留2个拉结钢丝绳拉孔，拉结在主体预埋环上，钢丝绳直径不应小于9mm，外挑网搭设时应外高内低，水平夹角应控制在10°～15°。

③ 外架大转角处可使用两个倒置的梯形拼接。

④ 使用工具外挑网时应每段悬挑架设置一道，错开主节点，在悬挑脚手架基础向上的第二道横杆设置，单独编制施工方案，并在悬挑脚手施工方案中考虑自重计算。

三、移动式操作平台

1. 工具式移动操作平台

① 移动式操作平台应使用组装式或工具式操作平台。

② 移动式操作平台的轮子与平台的接合处应牢固可靠，必须有锁死装置。

③ 操作平台可采用门架部件组装，作业面满铺脚手板，根据实际层高需要设置防倾覆措施。

④ 操作平台四周按临边作业要求设置不低于1200mm的防护栏杆，防护栏杆底部设置不小于200mm高的挡脚板，并布置登高扶梯。

2. 扣件式移动操作平台

① 高空作业应有安全防护措施。

② 简易门字架、人字梯和靠墙单梯仅限于2000mm以下使用；木制马凳仅限于1000mm以下使用；2000mm（含2000mm）以上的高空作业须有安全稳固的操作平台，平台须安装安全牢固的防护栏杆和牢固的安全带挂设点。

③ 移动式操作平台的面积不宜超过10m²，高度不宜超过5000mm，高宽比不应大于2，施工荷载不应超过1.5kN/m²，平台与轮子的接合处应牢固可靠，立杆底端离地面高度不超过80mm，平台工作时轮子应制动可靠。

④ 操作平台可采用 ϕ48钢管以扣件连接，也可采用铝合金材质组装的成品移动操作架（应有生产厂家提供的合格证），不应采用门架或承插式钢管脚手架组装。平台的次梁间距不大于800mm，台面满铺脚手板；操作平台四周按临边作业要求设置防护栏杆，并布置登高扶梯。

3. 铝合金可折合式工作台

① 2000mm以上（含2000mm）的高空作业须有安全稳固的操作平台，平台在高空作业应有安全牢固的防护栏杆和牢固的安全带挂设点。

② 平台工作高度可调整，带刹车式脚轮，方便移动，平台工作时轮子应制动可靠。

③ 平台要有直爬梯及可开口式平台踏板。

④ 平台宽度不小于750mm，高度不大于2500mm，可用在狭窄场所。

⑤ 操作平台四周按临边作业要求设置防护栏杆，并布置登高扶梯，用于户内户外的高空作业和狭窄场所。

4. 铝合金塔式脚手架

① 平台宽度不小于750mm，高度不大于5000mm，平台工作时轮子应制动可靠。

② 移动式操作平台的面积不宜超过10m²，高度不宜超过5000mm，应设有伸缩斜撑，防止翻倒。

③ 平台工作高度可调整，带刹车式脚轮，方便移动，平台工作时轮子应制动可靠。

5. 玻璃纤维双节伸缩梯

① 平台的接合处应牢固可靠，必须有锁死装置。

② 平台可用于狭窄的地方，高度不超过3m。

③ 平台要配有踢脚板，及外加斜撑（多支脚），保障安全性能。

④ 平台上方设置安全围网，防止工作时工具跌出梯外。

⑤ 平台要具有良好的绝缘性能。

6. 铝合金扶手梯（图4-18）

① 重量轻，便于搬动，带有扶手设计，易于收纳。

② 可用于户内狭窄的地方，高度不超过2.5m梯子的接合处应牢固可靠，必须有锁死装置。

③梯子强度高，要有锁定装置，保障安全性能。

④梯子要配置防滑垫，有良好的绝缘性能。

7. 玻璃纤维双面人字梯（图4-19）

①梯子具有防无故收合的自锁装置，保障安全性。

②梯子各级踏板坚固耐用，安全系数高。

③可用于户内户外所有场合，最大高度不超过4m。

④梯子要配置防滑垫，有良好的绝缘性能。

图4-18　铝合金扶手梯　　　图4-19　玻璃纤维双面人字梯

四、登高车

针对"零直排"、外墙渗漏修补等工程宜采用登高车和搭设脚手架相结合的措施。

1. 打开支撑脚

登高车到达作业区使用前，必须打开4个伸缩式支撑脚，用自行车专用扳手将4个支撑脚提升到4个轮胎，完全离开地面5cm左右，根据车辆自带的水平仪表调整4个支撑脚，校准后插入安全销。需要注意如下事项：

（1）支撑脚底座与地面接触处承重后，不得有塌陷或沉降现象。在软地板上工作时，必须在各底座底部放置枕木或厚度在1.5cm以上且面积在0.5m以上的木板，保证登高车稳定不会发生沉降、摇晃、倾斜；

（2）不打开支撑，不要用轮胎的承重登高作业；

（3）严禁登高车在进行水平校准或水平校准不正确时使用。

2. 接线通电

登高车支撑脚正确打开，水平校准后，电工接线通电后，配电控制箱内的电源空开，插入门钥匙，将按钮旋转到打开位置，根据面板的指示按钮进行升降控制。需要注意如下事项：

（1）检查电工接线后地线是否有效连接；

（2）检查通电后各指示灯是否正常。

3. 升降测试

登高车载人升降前对登高车进行空载升降试验，观察各部位升降时是否正常。需要注意如下事项：

（1）检查各控制按钮和开关是否正常；

（2）升降中是否顺畅有异常现象，液压油压力表显示是否正常有超压现象。

4. 登高作业

操作人员登上高车平台后，关闭平台栅栏门，抓住平台栅栏扶手。注意如下事项：

（1）作业人员登高后，必须严格执行公司的高处作业安全标准规范；

（2）对于临时电缆或其他物品和作业工具等平台进行登高作业前，必须在平台上捆绑固定，以免在高处滑动或坠落引起安全事故；

（3）登高车最大负荷为500kg，严禁超载。

登高车作业人员在平台上等待作业人员的命令作业登高车升降，升降过程中平台升降速度均匀，缓慢到达指定高度。注意如下事项：

（1）操作人员操作登高车时要集中注意力，认真听取平台上操作人员的指令进行升降操作，严禁擅自停止操作升降；

（2）登高车最大上升高度为11m，严禁超高。

登高作业结束后，将升降平台降至最低点，关闭门锁拔出钥匙，关闭配电控制箱内的电源空开，作业人员等安全撤离升降平台后，电工取下登高车的临时电源线，关闭电源线。

将支撑脚的底座和支撑脚收回，移动登高车返回机械修理厂登高车的保管所，将门钥匙归还登高车的保管部门，在登高车的使用申请书上签字确认交接。

五、施工升降机

1. 地面防护棚（图4-20）

施工升降机地面上人通道应设置工具式双层硬质防护棚，宜采用定型化防护棚。搭设方式、各种型材、构配件规格参照安全防护通道要求。

2. 施工电梯停层平台

施工升降机停层平台支撑架体应单独设置，不得与外脚手架连接；平台应搭设稳固平整，楼层门与平台的间隙不得大于10mm，平台两侧应设置不小于1.2m的工具式围栏或钢管栏杆、200mm的挡脚板；平台处应设置夜间照明、安全警示语。

3. 楼层防护门（图4-21）

图4-20 施工电梯地面防护门　　　　图4-21 施工电梯楼层防护门

① 施工升降机楼层防护门应采用定型化半封闭门；防护门高度不小于1800mm，门骨架采用30方通；每扇电梯门的外形尺寸为700mm×1750mm，底下 1400mm范围内用1.2mm厚钢板封闭，上端350mm范围采用网孔不大于30mm，钢丝直径或截面不小于3mm的铁板网封闭。楼层门与两侧安装立柱的间隙不大于10mm；楼层门上应有层数标识及安全警示语。

② 当施工升降机梯笼门外边沿与楼层平台外边沿间隙过大时，应在梯笼内设置可翻转的过渡踏板；过渡踏板两侧应设防护栏杆，并采取封闭措施，强度满足人员通行要求，且与平台的搭接长度不得小于100mm。踏板宽度不小于1300mm，栏杆高度1200mm，底部设厚度不小于5mm的钢板，两侧设高度200mm的挡脚板。

4. 附墙装置

① 施工升降机附墙装置应为厂家制造，并提供合格证明。安装应符合厂家说明书或方案规定。

② 附墙架支撑处建筑主体结构的强度应满足附着荷载要求。

③ 齿轮齿条传动式施工升降机导轨架最上一节标准节的齿条应拆除，避免梯笼冒顶。

④ 应在建筑结构最顶层处设置一道附着装置，梯笼上升不得高过最上端附墙。

5. 标志牌

① 施工升降机应设置验收牌、编号牌、限载牌，并悬挂于适当明显位置；施工电梯限载牌宜分类量化（图4-22）。

图4-22　验收牌

② 验收牌应包括设备概况、安全操作规程、使用登记、安装、检测、维保、使用单位、操作人员等基本信息。

六、小型施工机具（图4-23）

图4-23　小型施工机具

① 施工现场应建立小型施工机具台账，并进行入场验收。

② 小型施工机具的传动、转动部位应设置防护罩，电焊机应有防雨措施。

③ 小型施工机具应设置专用单机开关箱。

七、高处作业吊篮

① 吊篮应使用厂家生产的定型产品，应有制造许可证、产品合格证和产品使用说明书。

② 吊篮的架设应符合厂家说明书的规定，悬挂机构设置楼层的承载力应满足要求。

③ 吊篮的提升机各安全装置应可靠灵敏，安全锁应在有效检定期内；应在建（构）筑物上方设置独立牢靠的安全绳，安全绳应配备自锁器；安全绳与建筑物应弹性接触，防止磨损。

④ 吊篮不得用作运送材料，每台吊篮载员人数严禁超过2人；2人同时作业时应配有两个安全绳自锁器独立设置挂点，严禁共用一个自锁器。

八、现场临时用电

1. 外电防护

外电防护施工现场往往会存在架空线路、电缆线路等不属于施工现场的外界线路。为防止外电线路对施工现场作业人员造成可能的触电伤害，施工现场需要注意以下事项：

① 不得在高、低压线路下方施工、搭设临时设施或堆放物件、架具、材料及其他杂物；

② 达不到安全距离要求时，必须采取防护措施，增设屏障、遮拦、围栏或保护网，并悬挂醒目的警告标志牌；

③ 在建工程（含脚手架）周边与架空线路的边线之间的最小安全操作距离，满足表4-1所示要求；

在建工程周边与架空线路的边线之间的最小安全操作距离 表4-1

外电线路电压等级（kV）	<1	1~10	35~110	220	330~500
最小安全操作距离（m）	4	6	8	10	15

注：上、下脚手架的斜道不宜设在有外电线路的一侧。

④ 施工现场的机动车道与架空线路交叉时的最小垂直距离满足表4-2所列要求；

施工现场的机动车道与架空线路交叉时的最小垂直距离　　表4-2

外电线路电压等级（kV）	<1	1~10	35
最小垂直距离（m）	6.0	7.0	7.0

⑤ 施工现场的机动车道与架空线路交叉时的最小垂直距离满足表4-3所列要求；

施工现场的机动车道与架空线路交叉时的最小垂直距离　　表4-3

安全距离（m）	<1	10	35	110	220	330	500
沿垂直方向（m）	1.5	3	4.0	5.0	6.0	7.0	8.5
沿水平方向（m）	1.5	2	3.5	4.0	6.0	7.0	8.5

⑥ 在架设防护设施时，应有电气技术人员或专职安全员监护；

⑦ 无法防护时必须采取停电、迁移线路或更改工程位置等措施，否则不准施工。

2. 接地与防雷

① 在施工现场专用变压器的供电地TN-S接零保护系统中，电气设备的金属外壳应与保护零线连接。保护零线应由工作接地线、配电室（总配电箱）电源侧零线或总漏电保护器电源侧零线处引出。工作零线应通过漏电保护器。保护零线严禁通过熔断器、漏电保护器、开关，严禁通过工作电流，且严禁断线。保护零线应采用绿/黄双色线，不得采用其他线色代替。保护零线除应在配电室或总配电箱处做重复接地外，还应在配电系统的中间处和末端处做重复接地。重复接地电阻值不应大于10Ω。

② 每一接地装置的接地线应采用2根及以上导体，在不同点与接地体做电气连接。垂直接地体宜采用角钢、钢管或光面圆钢，不得采用螺纹钢。

③ 做防雷接地机械上的电气设备，所连接的保护零线应同时做重复接地，同一台机械电气设备的重复接地与机械的防雷接地可共用同一接地体，但接地电阻应符合重复接地电阻值的要求。防雷装置的冲击接地电阻值不得大于30Ω。

3. 配电室

① 配电室应靠近电源，并设置在灰尘少、潮气少、振动小、无腐蚀介质、无易燃易爆物及道路畅通的地方。

② 配电室应能自然通风，并应采取防止雨雪侵入和小动物进入的措施，宜

在门口处设挡鼠板，高度500mm。

③ 配电柜侧面的维护通道宽度不小于1m，配电室顶棚与地面的距离不低于3m，配电装置的上端距顶棚不小于500mm。

④ 配电室的建筑物和构筑物的耐火等级不低于3级，室内配置沙箱和可用于扑灭电气火灾的灭火器。

⑤ 配电室的照明分别设置正常照明和事故照明；配电室的门向外开，并配锁。

4. 配电线路

① 施工现场配电线路应采用电缆线，电缆中应包含全部工作芯线和用作保护零线的芯线。

② 电缆线路应采用埋地或架空敷设，严禁沿地面明设，埋地电缆路径应设方位标志；电缆直接埋地敷设的深度不应小于700mm，并应在电缆紧邻上下左右侧均匀敷设不小于50mm厚的细沙，然后覆盖砖或混凝土板等硬质保护层。

③ 架空电缆应沿电杆、支架、钢索或墙壁敷设，并采用绝缘子固定，绑扎线应采用绝缘线，固定点间距应保证电缆能承受自重所带来的荷载，沿墙壁敷设时最大弧垂距地不得小于2m。

④ 施工现场最大弧垂距地不得小于4m，机动车道最大弧垂距地不得小于6m；埋地电缆穿越建筑物、道路、易受到机械损伤、介质腐蚀场所及引出地面2m高到地下200mm处，应加设防护套管，防护套管内径不应小于电缆外径的1.5倍。

⑤ 楼层电缆线敷设

楼层电缆线垂直敷设应利用工程中的竖井、垂直孔洞，应靠近用电负荷中心。

垂直电缆线的敷设可采用穿防护套管或采用角钢支架、瓷瓶、绝缘绑扎线固定，敷设时每层楼固定点不得少于一处。

楼层电缆线利用接线盒作为中转楼层电箱电源引入点，且应从接线端子接线。

5. 配电箱与开关箱

① 配电箱、开关箱应采用冷轧钢板制作，配电箱箱体钢板厚度不得小于1.5mm、开关箱箱体钢板厚度不得小于1.2mm，箱体表面应做防腐处理。

② 配电箱的电器安装板上应分设N线端子板和PE线端子板。N线端子板应与金属电器安装板绝缘；PE线端子板应与金属电器安装板做电气连接。进出线中的N线应通过N线端子板连接；PE线应通过PE线端子板连接。

③ 总配电箱中漏电保护器的额定漏电动作电流应大于30mA，额定漏电动作时间不应大于0.1s，额定漏电动作电流与额定漏电动作时间的乘积不应大于30mA·s。开关箱中漏电保护器的额定漏电动作电流不应大于30mA。额定漏电动作时间不应大于0.1s。

④ 使用于潮湿或有腐蚀介质场所的漏电保护器应采用防溅型产品，其额定漏电动作电流不应大于15mA，额定漏电动作时间不应大于0.1s。

⑤ 配电箱、开关箱的电源进线端严禁采用插头和插座做活动连接。每台用电设备应有各自的专用开关箱。配电箱、开关箱定期维修、检查时，应将其前一级相应的电源隔离开关分闸断电，悬挂"禁止合闸、有人工作"停电标志牌，严禁带电作业。

⑥ 配电箱、开关箱应有名称、责任人及电话、编号、系统接线图，箱门应配锁；配电箱应有分路标记。

⑦ 固定式配电箱、开关箱的中心点与地面的垂直距离应为1.4~1.6m；移动式配电箱、开关箱应装设在坚固、稳定的支架上。其中心点与地面的垂直距离宜为0.8~1.6m。

⑧ 配电箱防护棚。户外配电箱在塔式起重机覆盖范围内，或在高层建筑下方时需设置钢网片或钢格栅围栏防护棚，上层有防雨措施，并设不小于5%坡度的排水坡。防护棚正面应悬挂操作规程牌、警示牌、电工姓名和电话。防护棚外放置干粉灭火器。

6. 现场照明

① 施工现场应在地下室、楼梯间、自然采光差的室内作业场所等设置照明，夜间施工应在施工作业面、施工升降机地面及施工电梯停层平台设置照明。

② 照明灯具应采用节能灯具。

③ 隧道、人防工程、高温、有导电灰尘、比较潮湿或灯具离地面低于2.5m等场所的照明，电源电压不应大于36V；潮湿和易触及带电体场所照明不应大于24V；特别潮湿场所、金属容器内照明不应大于12V。

④ 基坑作业施工阶段宜采用行走塔架式LED灯具照明；行灯宜采用移动式（充电式）LED照明灯。

⑤ 施工现场地下室、楼梯间等危险场所应设置应急照明。

⑥ 配电箱、开关箱应有名称、责任人及电话、编号、系统接线图，箱门应配锁；配电箱应有分路标记。

⑦ 固定式配电箱、开关箱的中心点与地面的垂直距离应为1.4~1.6m；移动

式配电箱、开关箱应装设在坚固、稳定的支架上。其中心点与地面的垂直距离宜为0.8~1.6m。

⑧ 配电箱防护棚户。外配电箱在塔式起重机覆盖范围内，或在高层建筑下方时需设置钢网片或钢格栅围栏防护棚，上层有防雨措施，并设不小于5%坡度的排水坡。防护棚正面应悬挂操作规程牌、警示牌、电工姓名和电话。防护棚外放置干粉灭火器。

7. 生活区用电

① 宿舍内照明灯具低于2.5m时，应采用36V安全电压。

② 每一间宿舍应设置不大于3A的限流保护器且灵敏有效，应设置USB接口供手机等充电。

③ 浴室等有水房间应采用防水、防爆灯具，高度不低于2.5m。

九、脚手架

1. 落地式脚手架

① 垫板应采用长度不少于2跨、厚度不小于50mm、宽度不小于200mm的木垫板（图4-24）。

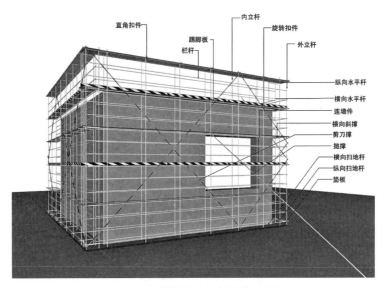

图4-24 双排落地脚手架构成示意图

② 脚手架应设置纵向、横向扫地杆。纵向扫地杆应采用直角扣件固定在距钢管底端不大于200mm处的立杆上。横向扫地杆应采用直角扣件固定在紧靠纵向扫地杆下方的立杆上（图4-25）。

图4-25 纵、横向扫地杆示意图

1—横向扫地杆；2—纵向扫地杆

③ 脚手架立杆基础不在同一高度时，应将高处的纵向扫地杆向低处延长两跨与立杆固定，高低差不大于1000mm，靠边坡上方的立杆轴线到边坡的距离不应小于500mm。

④ 纵向水平杆应设置在立杆内侧，单根杆长度不应小于3跨。

⑤ 脚手架在使用前应按规范要求进行验收，并挂验收牌。

2. 悬挑式脚手架

① 悬挑式脚手架应按照经过审批的专项施工方案搭设。搭设高度超过20m时应经过专家论证。

② 悬挑式脚手架的悬挑钢梁截面高度不应小于180mm，悬挑梁的固定段不应小于悬挑段长度的1.25倍。悬挑钢梁支撑点应设置在主体结构上，锚固位置设置在楼板上时，楼板厚度不宜小于120mm，如设置在楼板厚度小于120mm、外伸阳台上或悬挑板上时应采取加固措施。

③ 型钢悬挑梁固定端应采用2对以上U形钢筋拉环或锚固螺栓与建筑结构梁板固定，U形钢筋拉环或锚固螺栓应预埋至混凝土梁、板底层钢筋位置，并应与混凝土梁、板底层钢筋焊接或绑扎牢固，U形钢筋拉环或锚固螺栓直径不宜小于16mm（图4-26）。

④ 每段悬挑式脚手架底部沿纵横方向设置扫地杆，脚手架底部及作业层立杆内侧应设置180mm高挡脚板。

⑤ 当型钢悬挑梁与建筑结构采用螺栓钢压板连接固定时，钢压板尺寸不应小于100mm×10mm（宽×厚）；当采用螺栓角钢压板连接时，角钢的规格不应小于63mm×63mm×6mm。

⑥ 钢线绳端部用绳卡固定连接时，绳卡不得少于4个，绳卡压板应在钢丝绳主要受力的一边，绳卡间距为6～7倍钢丝绳直径，并在第3个卡环后面设置安全检查弯（图4-27）。

图4-26　悬挑式脚手架示意图

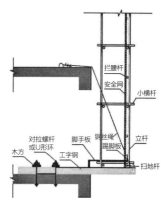

图4-27　悬挑式脚手架剖面图

3. 脚手架立面防护

① 安装扣件时，各杆件端头伸出扣件盖板边缘的长度不小于100mm。

② 脚手架立杆应分布均匀，大横杆应保持水平。

③ 脚手架外立面应用阻燃性能的密目式安全网封闭，安全网应张紧、无破损、颜色鲜亮。

④ 外架上应张挂验收牌，可张挂警示标语、警示图牌，应做到整洁美观。

⑤ 脚手架钢管壁厚应符合国家标准规范要求。脚手架表面应涂刷油漆，剪刀撑表面应刷警示漆，颜色由施工企业根据企业标准自行选定。

⑥ 单、双排脚手架应配合施工进度搭设，一次搭设高度不应超过相邻连墙件以上两步。

⑦ 悬挑外架在施工电梯及卸料平台位置应根据定位提前预留，且在外脚手架断开的端头自下而上设置之字撑（图4-28）。

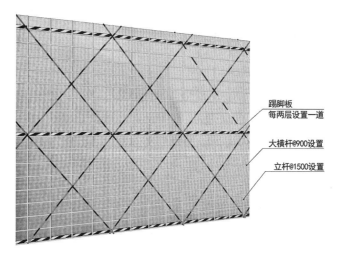

图4-28　外脚手架里面防护应用示意

4. 脚手架剪刀撑及横向斜撑设置

① 双排脚手架应设置剪刀撑与横向斜撑，单排脚手架应设置剪刀撑。

② 高度在24m及以上的双排脚手架应在外侧全立面连续设置剪刀撑；高度在24m以下的单、双排脚手架，均应在外侧两端、转角及中间间隔不超过15m的立面上，各设置一道剪刀撑，并应由底至顶连续设置。

③ 剪刀撑斜杆的接长应采用搭接，搭接长度不小于1m，且不少于两个扣件紧固。

④ 一字形、开口形双排架两断口应设置竖向之字撑（图4-29）。

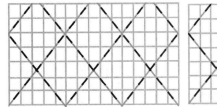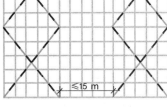

24m及以上外架剪刀撑布置示意图　　24m及以下外架剪刀撑布置示意图　　剪刀撑搭设方法示意图

图4-29　脚手架剪刀撑及横向斜撑设置

5. 脚手架杆件设置

① 主节点处应设置横向水平杆，用直角扣件扣接且严禁拆除。

② 立杆除顶层顶部外应采用对接，大横杆在架体端部和施工电梯、卸料平台预留处可以搭接。搭接长度不得小于1000mm，应采用不少于2个旋转扣件固定。

③ 脚手架阳角内侧应设置竖向支撑，保证阳角方正顺直。

6. 脚手架连墙件设置

① 连墙件应从第一步纵向水平杆处开始设置，在"一字形""开口形"两端应增设连墙件。

② 连墙件施工过程中严禁擅自拆除。

③ 连墙件采用在楼面预埋短钢管，然后用短钢管与扣件将脚手架立杆与预埋钢管连接起来，根据脚手架方案计算的连墙件轴向力的大小采取单、双扣件或在双扣件的边缘加点焊（图4-30）；剪力墙处的连墙件采用在剪力墙上的对拉螺杆孔内穿直径大于14mm的圆钢，圆钢的一头通过与厚度大于8mm的钢板焊接固定，另一端与短钢管焊接，短钢管通过扣件与脚手架立杆连接（图4-31）。

7. 脚手架水平防护

① 作业层脚手板应铺满，绑扎牢固。

② 脚手架与建筑物之间应每层设置水平防护措施，可使用柔性水平防护（水平安全兜网）与硬质封闭防护（钢笆片或模板）隔层交错布置。

③ 作业层端部脚手板探头长度应取150mm，其板的两端均应固定于支承杆件上（图4-32）。

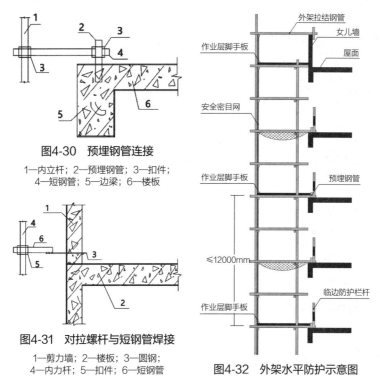

图4-30 预埋钢管连接

1—内立杆；2—预埋钢管；3—扣件；
4—短钢管；5—边梁；6—楼板

图4-31 对拉螺杆与短钢管焊接

1—剪力墙；2—楼板；3—圆钢；
4—内力杆；5—扣件；6—短钢管

图4-32 外架水平防护示意图

8. 附着式升降脚手架

① 附着式升降脚手架的使用单位应与具有专业资质的单位签订专业分包合同。

② 专项施工方案应由专业承包单位按公司管理流程编制上报，经审批后方可实施，进场之前应对设备进行进场验收，严格控制直线段跨度不得超过7000mm，折线段外侧跨度不得超过5400mm，颜色可根据情况自主选择。

③ 架体高与支撑跨度的乘积不得大于110m²。

④ 整体提升脚手架安装完成，安装单位自检合格后，工程项目的监理单位代表、施工单位和安装单位的技术负责人组成验收组，共同进行验收、签字，出具验收意见，验收合格后需请第三方进行检测，检测合格方可使用。

⑤ 每次升降前后，施工、安装单位应对安全装置、保险设施、提升系统以及临边材料情况进行全面检查，符合要求并履行签字手续后，方可升降或使用。

⑥ 安装及更换竖向框架时应使用带保险锁的挂钩拴住，竖向主框架所覆盖的每一个楼层处应设置一道附墙支座，升降状态时应保证有三道附墙支座，预埋在墙体及柱体上的附墙支座应做隐蔽验收。

⑦ 架体的水平悬挑长度不得大于2m，且不得大于跨度1/2，架体悬臂高度

不得大于6m且不得大于2/5架体高度。

⑧ 附墙支座应采用锚固螺栓与建筑物连接，受拉螺栓的螺母不得少于两个或采用弹簧垫圈加单螺母，螺杆露出螺母端部的长度不应小于3扣，并不得小于10mm，垫板尺寸应由设计确定且不得小于100mm×100mm×10mm。

⑨ 附墙支座支撑在建筑物上的连接处混凝土强度等级应按设计要求确定，且不得小于C10。

⑩ 卸料平台在使用过程中不得与附着升降式脚手架各部位或各结构构件相连，其荷载应直接传递给工程结构。

⑪ 安全装置应有防倾覆、防坠落和同步升降控制安全装置，防坠落装置应设置在竖向主框架处并附着在建筑结构上，每一升降点不得少于1个防坠装置，在使用和升降情况下都应起作用，防坠落装置采用机械式的全自动装置，严禁使用每次升降都需要重组的手动装置，防坠落装置技术除满足承载能力要求外，还应符合整体式升降架制动距离≤80mm，单片式升降架制动距离≤150mm。

⑫ 附着升降式脚手架应设置监控升降的控制系统，通过监控各升降设备间的升降差或荷载来控制架体升降，该系统应具有升降差、超限或超载、欠载报警停机功能。

⑬ 高层施工优先采用智能施工升降机、全封闭的钢板网及全封闭脚手板，爬架框架周边需设置警示灯4个，墙角应设置常亮警示灯（图4-33）。

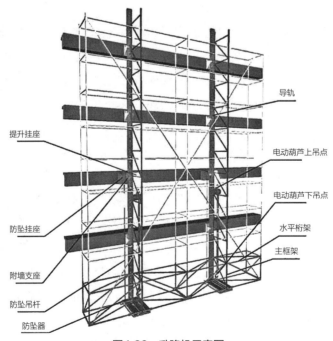

图4-33 升降机示意图

9. 悬挑卸料平台

（1）钢管脚手架悬挑卸料平台

1）悬挑卸料平台应采用定型化封闭式卸料平台，其主钢梁采用厚度不低于16mm的工字钢（具体根据计算取值），外挑尺寸根据设计确定。

2）栏杆用双层栏杆，底层栏杆高度为0.6m，上层栏杆高度为1.2m。栏杆内侧用模板或薄型钢板封闭，封闭材料外侧刷蓝漆。

3）压环宜采用螺栓连接方式，如采用圆钢压环，其直径大于ϕ20mm，使用时上部和两侧空隙应用木楔塞紧。

4）卸料平台前端的受力钢丝绳与后端的保险钢丝绳应同时张拉到位，且两者间距不应大于50cm。

5）钢丝绳拉环的设置如图4-34所示，也可采用其他吊环形式，如将拉环直接预埋在楼层上。钢丝绳拉环选用不小于ϕ20圆钢制作。

图4-34　钢管脚手架悬挑卸料平台

6）卸料平台安装好后，卸料平台两侧安全网应张拉好，卸料平台与外架间隙用大板封闭或用安全平网封闭。外架与楼层间隙同样用模板或钢板封闭。

7）材料捆绑人员在卸料平台上作业时，应系挂安全带。

8）限载与吊运要求：总装载小于1t，钢管、木方、大板可以量化的材料应注明限载数量；小型构件（长度小于等于0.8m）采用专制吊笼吊运（图4-34）。

9）卸料平台安装到位后，应进行验收，合格后方可使用，并张挂验收牌。

注：1. 外悬挑平台上料限重10kN。

2. 平台上的脚手板应符合质量的要求，经过试验后方准使用。

3. 双钢丝绳应单独加设。

4. 前端钢丝绳与主梁工字钢前端距离小于等于30cm，后端钢丝绳与外架间距小于等于30cm。

（2）爬架悬挑卸料平台

1）爬架卸料平台为保证封闭严密性，宜选用双层卸料平台，应编制专项施工方案，经审批合格后方可投入使用。

2）外层用于保持封闭完整性，内层卸料平台作为承重使用，分开拉结卸荷钢丝绳，外封闭层拉结在爬架自身结构上，内层承重料台拉结在主体预埋点上，钢丝绳顶部拉结点可适当预留一定角度向两边移位，以减少物料起吊时碰触两侧卸荷钢丝绳。

3）内层卸料平台与外层防护挡板之间应预留充足的操作空间，以方便施工人员绑扎塔式起重机钢丝绳。

4）内层卸料平台两根柱梁宜使用不小于18号槽钢，其余要求与普通卸料平台相同。

5）整体外爬架提升时，先拆除内层卸料平台的卸荷钢丝绳，放置在外层卸料平台内进行整体提升。

十、模板工程

1. 木模基本要求

① 模板支撑系统搭设前，项目工程技术负责人应当根据专项施工方案和有关规范标准的要求，对现场管理人员、操作班组、作业人员进行安全技术交底，并履行签字手续。安全技术交底的内容应包括模板支撑工程工艺、工序、作业要点和搭设安全技术要求等内容，并保留记录。

② 作业人员应严格按规范、专项施工方案和安全技术交底书的要求进行操作，并正确佩戴相应的劳动防护用品。

③ 除扣件式/碗扣式钢管支撑以外，其他类型模板体系应满足相关要求。

2. 支架基础

① 竖向模板和支架立柱支撑部分安装在基土上时，应加设垫板，垫板的强度和支承面积应满足设计要求，且应中心承载。基土应坚实，并应有排水措施。必要时应采用浇筑混凝土、打桩等措施防止支架柱下沉。

② 底座下应设置长度不少于2跨、宽度不小于150mm、厚度不小于50mm的木垫板或槽钢。

3. 支架立杆

① 不同类型立杆不得混用。

② 多层支撑时，上下二层的支点应在同一垂直线上，并应设底座和垫板。

③ 扣件式立杆顶部应设可调支托，U形支托与楞梁两侧间如有间隙，应顶紧，其螺杆伸出钢管顶部不得大于200mm，螺杆外径与立柱钢管内径的间隙不得大于3mm，安装时应保证上下同心。

④ 碗扣式立杆应根据所承受的荷载选择立杆的间距和步距，底层纵、横向横杆作为扫地杆距地面高度应小于等于350mm，严禁施工中拆除扫地杆，立柱应配置可调底座或固定支座。

⑤ 碗扣式立柱上端包括可调螺杆，伸出顶层水平杆的长度不得大于700mm（图4-35）。

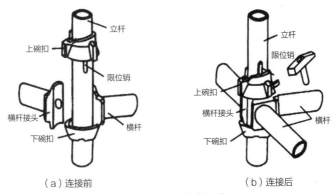

图4-35 碗扣节点构造

4. 扣件式钢管支架构造

① 应在立柱底距地面200mm高处，沿纵横向水平方向应按纵下横上的顺序设扫地杆，在每一步距处纵横向各设一道水平拉杆。

② 高支模应按方案要求设置竖向及水平剪刀撑。竖向剪刀撑应在架体外侧周圈由下至上连续设置，并在架体中间按间距不大于10m设置，宽度宜为4.5～6m。水平剪刀撑应在竖向剪刀撑的顶部、扫地杆处及方案要求的中间位置连续设置。剪刀撑杆件的底端应与地面顶紧，夹角宜为45°～60°。

③ 当层高在8～20m时，除应满足上条规定外，还应在纵横向相邻的两竖向连续剪刀撑之间增加之字斜撑，在有水平剪刀撑的部位，应在每个剪刀撑中间处增加一道水平剪刀撑。在最顶部距两水平拉杆中间应加设一道水平拉杆。

5. 碗扣式钢管支架构造

① 碗扣式钢管当立柱间距小于或等于1.5m时，模板支撑架四周从底到顶连续设置竖向剪刀撑；中间纵、横向由底至顶连续设置竖向剪刀撑，其间距应小于或等于4.5m。

② 竖向剪刀撑的斜杆与地面夹角应在45°～60°之间，斜杆应每步与立杆扣接。

③ 当模板支架高度大于4.8m时，顶端和底部应设置水平剪刀撑，中间水平

剪刀撑设置间距应小于或等于4.8m。

6. 周边拉结与架体防护

① 当搭设高度超过5m时，架体与结构之间应设置固结点，可采用抱柱或连墙件的方式，以提高整体稳定性和抵抗侧向变形的能力。

② 当搭设高度超过2.5m时，支撑架体应设置水平安全防护兜网。水平安全防护兜网应在架体搭设过程中同步设置，水平兜网应设置在模板支撑架体竖向第一道大横杆上（1.8m高）。

③ 水平兜网应固定牢靠，能满足抗冲击力要求。不得使用安全网代替水平兜网。高支模架体可在第二道大横杆挂设第一道水平兜网（3.6m高），向上每隔约5.4m设置一道水平兜网，最上一道水平兜网应尽量靠近作业面。

④ 搭设高度2m以上的支撑架体应设置作业人员登高措施。作业面应满铺脚手板，离墙面不得大于200mm，不得有空隙和探头板、飞跳板（图4-36）。

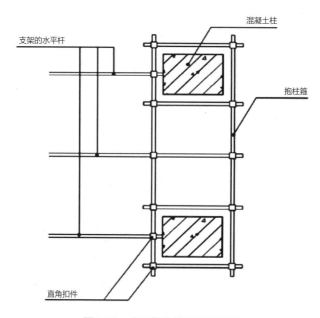

图4-36 脚手架抱柱平面示意图

7. 后浇带架体

① 后浇带模板施工应在模板工程施工方案中专项阐述。

② 后浇带架体与其他部位模板支撑架同步搭设、单独成型、永久留置，两者采用钢管连接成整体。

③ 后浇带两侧木枋顺着后浇带方向设置，按照方案要求设置木枋间距。

④ 后浇带竖向剪刀撑应在后浇带两侧连续到顶设置，5m以下层高在扫地杆处设置一道水平剪刀撑，5m以上层高水平剪刀撑间距不超过4.8m。

⑤后浇带架体过人行通道处应进行单独加固处理（图4-37）。

图4-37 后浇带架体过人通道加固处理示意图

8. 模板铺设

①模板铺设前，吊运的模板、木枋等材料堆放在架体上严禁超高堆码，应堆码整齐，不得集中堆放；模板铺设完成后钢筋等材料不得集中堆放在平台模板上。

②支撑架体搭设前结构与外架边应设置水平防护措施，模板预留洞口均应防护到位。

③木工台锯传动部位及锯盘应设置防护罩，并在台锯四周设置锯木屑收集池，配备消防灭火器。

④平台模板铺设完成后，应在大梁侧模未封闭前铺设稳固的安全过道，保证通行安全。

⑤模板铺设完成后，形成的预留洞口应及时设置安全防护设施，挂设水平兜网。

⑥拆模前应有混凝土强度报告，达到设计要求后，填写模板拆除申请，经项目技术负责人签字监理审批合格后方可安排拆除。

⑦模板拆除作业前，临边洞口安全防护措施应设置齐全，应在拆模区域各通道口设置警示标牌，并进行旁站。

9. 铝模基本要求

①铝模施工应先编制《铝模专项施工方案》，按方案组织施工。

②铝模板的制作应选用具有专业资质的单位，并在现场进行预拼装，在后

期拼装过程中安排专人进行指导。

③ 第一次拼装成型后，需对铝模体系进行验收。

④ 支撑板带需按方案留置，达到规定的强度之后才允许拆除。

⑤ 方案中应对铝模的转运方式进行明确，施工中严格执行。

⑥ 铝模支模过程中，应同步设置支撑立杆，严禁无支撑立杆的模板面上人或堆放材料。

⑦ 对传料口、放线孔、泵管洞口等位置进行深化确认，传料口需设置临时防护。

⑧ 铝模及其支撑系统在安装过程中，应设置临时固定设施，严防倾覆。墙模板在未装对拉螺杆前，板面要向内倾斜一定角度并撑牢，以防倒塌。

第四节　消防安全

1. 消防设施与器材

（1）基本要求

① 施工现场或其附近应设置稳定、可靠的水源，并应能满足施工现场临时消防用水的需要。

② 临时消防用水量应为临时室外消防用水量与临时室内消防用水量之和。

③ 临时室外消防用水量应按临时用房和在建工程的临时室外消防用水量的较大者确定，施工现场火灾次数可按同时发生1次确定。

④ 临时用房建筑面积之和大于1000m²或在建工程单体体积大于10000m³时，应设置临时室外消防给水系统。当施工现场处于市政消火栓150m保护范围内，且市政消火栓的数量满足室外消防用水要求时，可不设置临时室外消防给水系统。

⑤ 建筑高度大于24m或单体体积超过30000m³的在建工程，应设置临时室内消防给水系统。

⑥ 在建工程及临时用房的下列场所应配置消防器材：易燃易爆危险品存放及使用场所、动火作业场所、可燃材料存放、加工及使用场所、厨房操作间、锅炉房、发电机房、变配电房、设备用房、办公用房、宿舍等临时用房。

⑦ 灭火器的配置数量应按现行国家标准《建筑灭火器配置设计规范》GB 50140—2005的有关规定经计算确定，且每个场所的灭火器数量不应少于2具。

⑧ 工程项目需因地制宜，在施工现场设置消防集中柜、微型消防室、独立吸烟室。

⑨ 工程项目需根据现场实际，编制临时消防设施和消防警示标识布置图，明确消防器材、设施及消防重点区域，并做到定期更新、修改。

（2）消火栓与消防管网

① 临时消防系统的布置，优先考虑永久与临时相结合的原则，在建工程编制施工现场消防安全专项方案，由上级单位审核、审批，在施工现场醒目位置设置消防设施布置图，独立配置消防和应急照明电源。

② 消火栓的间距不应大于120m，消火栓的最大保护半径不应大于150m。

③ 临时消防设施应与在建工程的施工同步设置。房屋建筑工程中，临时消防设施的设置与在建工程主体结构施工进度的差距不应超过3层。

④ 临时消防用水量应为临时室外消防用水量与临时室内消防用水量之和。

⑤ 临时消防给水干管的管径，应根据施工现场临时消防用水量和干管内水流计算速度计算确定，且不应小于$DN100$。

⑥ 消防管需采用镀锌钢管，防止被腐蚀漏水或者被大火烧断。

（3）消防水泵

① 临时消防给水系统的给水压力应满足消防水枪充实水柱长度不小于10m的要求；给水压力不能满足要求时，应设置消火栓泵，消火栓泵不应少于2台，且应互为备用；消火栓泵宜设置自动启动装置，保证消防应急需求。

② 高度超过100m的在建工程，应在适当楼层增设临时中转水池及加压水泵。中转水池的有效容积不应小于10m³，上下两个中转水池的高差不宜超过100m。

③ 施工现场的消火栓泵应采用专用消防配电线路。专用消防配电线路应自施工现场总配电箱的总断路器上端接入，且应保持不间断供电。

（4）消防器材

① 基坑周边每200m放置一个容积不小于10L的灭火器；生活区每50m²放置一个容积不小于10L的灭火器，楼层内每层每300m²放置一个容积不小于10L的灭火器。

② 生活区、仓库、配电室、木工作业区等易燃易爆场所应设置相应的消防器材，并有专人负责定期检查，确保完好有效。

③ 办公区、生活区主要入口处，应设置消防柜。

（5）微型消防室

① 建筑面积超过10万m²的项目，需在施工现场设置微型消防室，内部根据实际需要配备消防设施。

② 微型消防室为集装箱结构，方便摆放、移动，既可用于消防应急，也可

用于日常消防教育、演练等。

③ 微型消防室需在消防平面布置图中标注。

2. 易燃易爆品管理

（1）基本要求

① 用于在建工程的保温、防水、装饰及防腐等材料的燃烧性能等级应符合设计要求。

② 易燃易爆危险品、气瓶等应分类专库储存，库房内应通风良好，并应设置严禁明火标志。根据施工现场物料使用情况，分别单独设置气瓶储存间、易燃易爆危险品库房。易燃易爆危险品库房内应使用防爆灯具。

③ 气瓶储存间、易燃易爆危险品库房不应设置于在建工程内。

④ 易燃易爆危险品库房应远离明火作业区、人员密集区和建筑物相对集中区。不得布置在电力线下。

⑤ 施工产生的可燃、易燃建筑垃圾或余料，应及时清理。

（2）氧气、乙炔气瓶的使用与存储

① 氧气、乙炔瓶距明火间距不得小于10m。

② 氧气、乙炔瓶存放间距不得小于5m。

③ 氧气、乙炔瓶不得平放和暴晒。

④ 氧气、乙炔瓶应使用专用气瓶推车分开运输，存放及运输的设施应配备灭火器。

⑤ 氧气、乙炔瓶应安装防震圈、瓶帽，仪表有效；禁止使用铁制工具敲击乙炔瓶及其附件。

⑥ 瓶内气体严禁用尽，瓶内剩余压力应不低于0.05MPa。

⑦ 气瓶存储间：用于氧气、丙烷、二氧化碳等气瓶储存。规格为6000mm×2300mm×2200mm，顶部设防护棚，底部设通风口，配灭火器，设禁火标识。存储间内只能存放同类气瓶，箱内空瓶与满瓶间距需≥1500mm。10m范围内不得存放易燃易爆物品、动火作业。化学性质相忌的气瓶严禁混合存放。

⑧ 严禁使用料斗、手推车作为吊运气瓶的容器，气瓶吊运需独立设置气瓶吊笼。

⑨ 气瓶吊笼：吊笼尺寸为长×宽×高＝800mm×600mm×2000mm，边框选用45mm×45mm×5mm角钢焊接，围栏选用ϕ12mm圆钢焊接，吊环选用ϕ20mm圆钢焊接，顶部选用5mm厚度钢板封闭，悬挂警示标牌（禁止烟火）安全责任牌。

（3）吸烟休息室

① 施工现场严禁吸烟，应按照工程情况设置固定的吸烟休息室，吸烟室远离危险区域并配置消防器材。

② 制定吸烟室休息管理制度，张贴在吸烟室显眼的位置，完善吸烟室安全警示标语、标识。

③ 吸烟室应设置在距离施工现场较近的位置，应设置于坠落半径范围之外。

④ 吸烟室内应统一提供点火装置、凳椅，不间断提供开水，定期打扫清洁，满足工人休憩的需求。

（4）易燃易爆危险品库房

① 易燃易爆危险品库房与在建工程的防火间距不应小于15m。

② 易燃易爆危险品库房单个房间建筑面积不应超过20m²。

3. 生活区消防安全

（1）基本要求

① 工人生活区建筑构件的燃烧性能等级应为A级，当采用金属夹芯板材时，其芯材的燃烧性能等级应为A级。

② 工人生活区宿舍、库房的防火间距需满足《建设工程施工现场消防安全技术规范》GB 50720—2011的要求。

③ 工人生活区使用安全电压，禁止使用大功率电器。

④ 工人宿舍禁止使用隔板隔开。

（2）液化气瓶存储间

厨房液化气瓶不得存放于厨房内，应设置独立防火的存储间，存放间要求设置在厨房外，并关门上锁。或使液化气瓶与厨房分隔，保持隔间内空气流通，配备消防器材。

（3）集中充电房与集中开水房

① 工人生活区使用安全电压照明灯具，禁止安装普通插座。

② 工人生活区单独设置集中充电室，派专人管理。

③ 规格：充电柜尺寸2000mm×1200mm×300mm（高×长×宽），每个充电柜设置独立漏电保护开关。

④ 充电柜可根据实际需要安装，应具备足够强度。

⑤ 工人生活区单独设置开水房，提供烧水设备，不间断供应开水、温水，能满足工人用水、饮水的需求。

⑥ 工程项目需根据实际情况，在生活区设置专用电动车集中充电室，充电室与其他房间需保持安全距离。禁止电动车在宿舍内充电。

第五节　职业健康与安全教育

一、切实保障施工人员在劳动过程中的健康与安全

1. 规范劳动防护用品使用

工地用人单位应当为员工、作业人员配备必要的劳动保护用品，并督促作业人员在作业时正确使用，加强职业健康保护。

2. 设置相应配套设施

（1）工地食堂按照规定办理食品经营许可证等证件，食堂人员持证上岗，强化工地食品安全卫生管理。

（2）建筑工地周边两公里范围内无医院、社康中心等医疗机构的，设置医务室。

（3）生活区和施工区设置茶水亭，实行热水、直饮水集中供应，保障工人用水、饮水安全。为提高安全教育水平，应设置以下设施满足对工人进行日常安全教育培训的需要：

① 施工现场应配备班前讲评台，各施工班组每日上岗前，由相关技术人员、班组长进行安全技术交底或安全教育培训。

② 施工现场应配备安全培训室，对施工人员以及临时访客进行现场重大危险源、安全生产、施工技能、职业健康、维权、安全生产法等培训。

③ 施工现场根据项目规模和实际需要配备安全体验馆，将施工安全教育与体验相结合，有效加强施工人员的安全意识。

二、劳保防护用品

用人单位应建立和健全劳动防护用品的采购、验收、保管、发放、使用、更换、报废等管理制度。劳动防护用品应符合国家标准或行业标准。

劳动防护用品按人体生理部位分类：

（1）头部防护：安全帽。

（2）面部防护：头戴式电焊面罩、防酸有机类面罩、防高温面罩。

（3）眼睛防护：防尘眼镜、防飞溅眼镜、防紫外线眼镜。

（4）呼吸道防护：防尘口罩、防毒口罩、防毒面具。

（5）听力防护：防噪声耳塞、护耳罩。

（6）手部防护：绝缘手套、耐酸碱手套、耐高温手套、防割手套等。

（7）脚部防护：绝缘靴、耐酸碱靴、安全皮鞋、防砸皮鞋。

（8）身躯防护：反光背心、工作服、耐酸围裙、防尘围裙、雨衣。

（9）高空安全防护：高空悬挂安全带、电工安全带、安全绳。

三、食堂

建筑工地食堂应依法取得食品经营许可证等手续，食堂经营人员应持证上岗。厨房与生活区应保持防火间距，远离污染源，可采用单层结构防火板房或砖砌结构。厨房面积（不含库房、更衣室）不得小于20m²。

（1）厨房及其配套设施地面应铺防滑地砖，厨房门口设置挡鼠板，所有窗户均设置纱窗；下水道设防鼠网。

（2）烹调制作区：设置炉灶、排烟机、冰柜、案台、洗菜盆、洗消池、保洁柜及不锈钢层架等。

（3）烹调制作区推广使用油烟净化装置。

（4）配餐间：设置预进间（更衣室、洗手消毒设施）专用配餐工具、紫外线消毒灯。

（5）配备足够的污物存放设施（密闭垃圾池、废弃油收集管等）。

（6）液化气罐远离明火单独隔离存放，且定点设置灭火器箱（灭火器至少2具/箱）。

四、茶水间

生活区应配置独立开水间，施工现场应设置工人茶水间。

（1）生活区

生活区应配置独立开水间，实行热水、直饮水集中供应，保障工人用水、饮水安全。内部配置智能热水器，供水量可根据居住人数确定，并配置直饮水净化器。热水器设置防护隔离装置，禁止随意操作，防止烫伤及投毒事件发生。

（2）施工区

施工区应设置工人茶水间，供作业人员临时休息，并提供热水、盐开水、凉茶等解暑类饮品。根据现场条件采用凉亭式、集装箱式茶水间。茶水间结构形式应便于拆装及转运。内部设置饮水机、热水器、桌椅、临时储物柜等设施。

五、医务室

建筑工地周边两公里范围内无医院、社康中心等医疗机构的，宜设置医务室，配备简单医疗器械和常见伤病治疗药物。

（1）医疗器械

诊桌、诊椅、方盘、听诊器、血压计、体温表、压舌板、药品柜、紫外线消毒灯、污物桶、折叠担架、人工呼吸器等设施。

（2）治疗药物

创可贴、碘酒、医用酒精、绷带、纱布、正红花油、云南白药、烧伤止痛膏、藿香正气液等。

六、班前讲评台

工地应设置班前讲评台，讲评台应安装显示屏，实时公示施工现场重大危险源。

（1）讲评台应设置在现场安全、空旷位置，适用于班组上岗前安全教育活动。讲评台前方听讲区面积不小于30m²。

（2）讲评台宽度不小于6m，高度不小于3m，中间设置不小于60英寸LED显示屏或液晶显示屏，用于播放班前活动安全教育宣传视频及重大危险源动态公示。

（3）讲评台采用轻型装配式钢结构形式，结构形式可参照装配式围墙制作，达到周转循环利用效果。

七、安全培训室

工地应设置安全培训室，培训室应配备多媒体教学系统、投影仪、固定电脑、讲台等教学相关设施。访客等临时性人员进入工地前应进行安全教育。

（1）学习培训内容

施工现场概况、现场重大危险源、安全生产、施工技能、职业健康、维权、安全生产法等。

（2）配置标准

培训室面积不小于35m²。内部设置多媒体教学系统、投影仪、固定电脑、讲台、音响等教学相关设施，墙面悬挂安全教育图牌。

八、作业条件及环境安全

（1）施工现场实行封闭式管理，围墙坚固、严密，高度不得低于1.8m。围墙材质使用专用金属定型材料或砌块砌筑。

（2）施工现场大门和门柱应牢固美观，高度不得低于2m，大门上应有企业标识。

（3）施工现场在大门明显处设置标志牌和企业标识。标志牌应写明工程名称、面积、层数、建设单位、设计单位、施工单位、监理单位、政府监督人员及联系电话、项目经理及联系电话，开竣工日期。标志牌面积不得小于0.7m×0.5m，字体为宋体，标志牌底边距地面不得低于1.25m。

（4）施工现场大门应有施工现场平面布置图、公共突发事件应急处置流程图和安全生产、消防保卫、环境卫生、文明施工制度板。

（5）建设单位、施工单位必须在施工现场设置群众来访接待室，有专人值班，并做好记录。

（6）施工区域、办公区域和生活区域应有明确划分，设标志牌，明确责任人。

（7）建筑工程红线外占用地须经有关部门批准，应按规定办理手续，并按施工现场的标准管理。

（8）施工现场临时搭建的建筑物应当符合安全使用要求，施工现场使用的装配式活动房屋应当具有产品合格证。建设工程竣工一个月内，临建设施应全部拆除。

（9）严禁在尚未竣工的建筑物内设置员工集体宿舍。

九、材料码放

（1）施工现场内各种材料应按施工平面图统一布置，分类码放整齐，材料标识要清晰准确。材料的存放场地应平整、夯实，有排水措施。

（2）施工现场的材料应根据材料的特点采取相应的保护措施。

十、卫生防疫

（1）施工现场办公区、生活区的卫生工作应由专人负责，明确责任。

（2）办公区、生活区应保持整洁卫生，垃圾应存放在密闭容器，定期灭蝇，及时清运。

（3）施工现场设置的临时食堂必须具备餐饮服务许可证、炊事人员身体健康证、卫生知识培训证。

（4）食堂和操作间内墙应抹灰，屋顶不得吸附灰尘，应用水泥抹面锅台、地面，必须设排风设施。操作间必须有生熟分开的炊具及存放柜橱。库房内应有存放各种佐料和副食的密闭器皿，有距墙距地面大于20cm的粮食存放台。

（5）食堂操作间和仓库不得兼做宿舍使用。

（6）食堂炊事员上岗必须穿戴洁净的工作服帽，并保持个人卫生。

（7）施工现场应制定卫生急救措施，配备保健药箱、一般常用药品及急救器材。

第六节　环境保护

一、职业健康

（1）施工现场应在易产生职业病危害的作业岗位和设备、场所设置警示标识或警示说明。

（2）管道施工、地下室防腐、防水作业等不能保证良好自然通风的作业区，应配备强制通风设施。

（3）在粉尘作业场所，应采取喷淋等设施降低粉尘浓度，操作人员应佩戴防尘口罩。焊接作业时，操作人员应佩戴防护面罩、护目镜及手套等个人防护用品。

（4）高温作业时，施工现场应配备防暑降温用品，合理安排作息时间。

二、扬尘控制

1. 施工围挡与外架全封闭

（1）围挡

施工现场应实行封闭式管理，沿工地四周连续设置围挡。

（2）外架

① 施工现场作业层外架应全封闭，封闭高度高处作业层1.5m。

② 钢管脚手架外立面应张挂达到阻燃性能要求的密目安全网，安全网应张紧、无破损、颜色新亮。

③ 悬挑脚手架底部应设置全硬质封闭防护措施。

④ 如果使用爬架，爬架沿楼层周边底部要全部设置翻板。

⑤ 钢管脚手架和爬架下部垃圾要安排专人定时清理。

2. 场地硬底化

工地出入口、主要道路、材料加工区应采用混凝土、预制混凝土板或者钢板进行硬底化，并确保排水通畅、平整结实。施工单位应定期对路面进行冲洗，保持路面干净整洁。

（1）采用混凝土进行硬底化时，混凝土强度不低于C25，工地出入口、主要道路混凝土厚度不小于200mm；材料加工区混凝土厚度不小于100mm。

（2）采用预制混凝土板进行硬底化时，混凝土强度不低于C25，具体尺寸由各企业自行决定，预制混凝土板地基应具备足够的承载力。

（3）采用钢板进行硬底化时，钢板之间要有连接，防止钢板偏移，钢板路面宜设置防滑条，钢板路面地基应具备足够的承载力。

3. 车辆自动冲洗

（1）土石方施工阶段，工地车辆出入口应配备车辆冲洗设备和沉淀过滤设施。出工地车辆的车身、车轮、底盘冲洗干净后方可上路。洗车用水尽量使用基坑降水，以达到节约环保的目的。

（2）冲洗设备应设在工地大门内侧，冲洗用水应能够循环使用。

（3）洗车场地周边设置排水沟，排水沟应及时清理淤泥并与三级沉淀池相连，排水沟面板采用32以上螺纹钢或型钢格栅，确保能够承受车辆重压，并刷红色警示漆。

（4）现场配置专（兼）职保洁员，负责对出入车辆进行辅助冲洗，确保出入车辆不污染市政道路。保持排水通畅，污水未经处理不得排入城市管网。

4. 易起尘作业湿法施工（含拆除工程）

（1）施工单位应综合采用自动喷雾、移动雾炮机、水车喷洒等措施抑制扬尘。

（2）围挡自动喷雾降尘装置采用围挡上沿布设PVC水管，喷雾喷头间距不大于6.3m/处，安装射程在3m范围内，围挡自动喷雾降尘装置沿围挡全覆盖设置。

（3）自动喷雾降尘装置应安排专人进行维护保养，确保正常使用。

（4）土石方机械开挖作业，机械剔凿作业，开挖的土石方、工程垃圾等易产生扬尘的废弃物的装卸作业，构筑物拆除作业，作业过程中应采用移动式雾炮机喷雾降尘。

（5）每1000m²配置一台雾炮设施，工地四周设置雾炮设施施工作业应全面积雾炮压尘；市政道路、水务工程等线性工程每100m设置一台移动雾炮设施。

（6）非雨天时自动喷雾装置每天应喷雾不少于6次，每次喷雾时间不少于15min。

（7）TSP数值超标，施工车辆集中进出场，进行土方开挖、拆除等易起尘作业时，需采取自动喷雾、移动雾炮机、水车喷洒等措施抑制扬尘。

拆除工程应采取以下措施强化扬尘控制：

（1）按照"先喷淋、后拆除，拆除过程持续喷淋"程序操作，喷淋水量应能有效满足抑尘、降尘要求，喷淋软管应能覆盖工地现场。

（2）机械拆除过程，使用机械或机具钻孔、破碎结构构件时，应采用带水作业工艺。

（3）爆破拆除前，在确保作业安全的条件下，应采取房屋内外地面洒水、装药点用含水围帘覆盖或倒塌区周围预置高压水枪等防尘措施或装置，爆破过程中适时启动防尘装置。爆破拆除后，及时采用雾炮车、高压水枪或洒水车等喷淋设施向爆堆喷水压尘。

（4）人工拆除时，应实行洒水或者喷淋措施。

（5）废弃砖瓦、混凝土块等建筑废弃物48h内无法清运的，应当采取遮盖、洒水、围挡、纱网覆盖等防尘措施。

5. 裸土及易起尘物料全覆盖

（1）裸露泥地应采用防尘网、碎石覆盖，或种植速生植物绿化，做到边施工、边覆盖、边绿化。

（2）水泥、石膏粉、腻子粉等易起尘物料应采用专用仓库、储藏罐等形式集中堆放并有覆盖措施。

6. TSP在线监测

（1）施工现场应按要求设置总悬浮颗粒物扬尘监测系统，与环保部门监控平台联网并配备电子屏装置，及时公开监测数据。

（2）总悬浮颗粒物在线监测系统应具有浓度超限报警功能，数据传输及接口标准符合环保部门监控平台的要求。

三、噪声控制

（1）施工现场严格执行《建筑施工场界环境噪声排放标准》GB 12523—2011和《城市区域环境振动标准》GB 10070—1988。

（2）精心筹划、科学组织，施工单位应合理安排施工工序。

（3）采用效率高的施工设备，提高功效，缩短作业时间。

（4）爆破作业在规定时间范围内进行，加强堵塞，采用水包＋药包装药结构以及炮孔上方压水袋等措施，有效降低爆破噪声。

（5）严格执行中午或夜间施工噪声许可和信息公开制度。施工现场应安装噪声在线监测系统，并与环保部门相关管理平台联网。

（6）混凝土浇筑振捣夜间施工时应使用低噪声环保振捣棒；噪声敏感区附近混凝土输送泵应设置隔声罩，加工棚应搭设在噪声敏感区远端。

（7）施工区周边等噪声敏感建筑集中区域内严禁高噪声机械在中午12：00～14：00、23：00～7：00作业，确需连续施工作业的，经批准取得《施工噪声许可证》后方可施工。

（8）施工期间，做好对周边居民的告知工作和沟通工作。

（9）不同施工阶段作业噪声限值如表4-4所示。

不同施工阶段作业噪声限值　　　　　　　　表4-4

施工阶段	主要噪声源	噪声限值（dB）	
		昼间	夜间
土石方	推土机、挖掘机、装载机等	75	55
打桩	各种打桩机等	85	禁止施工
结构	混凝土搅拌机、振捣棒、电锯等	70	55
装修	吊车、升降机等	65	55

注：表中所列噪声值是指与敏感区域相应的建筑施工场地边界线处的限值；有几个施工阶段同时进行，以高噪声阶段的限值为准。

四、污废水处理

（1）施工工地污水采用污水沉淀池进行处理，经过絮凝、沉淀等工序达到规定排放标准后才可排放。

（2）污水排放前，去环境保护行政主管部门办理排污许可证，严禁私自排放。

（3）施工现场食堂要设置隔油池，厕所宜设置成品化粪池，生活污水应经过处理之后才可排入市政污水井。

（4）污水沉淀池尺寸大小根据现场场地情况合理设置，沉淀池周边设置安全防护栏。

（5）三级沉淀池沉淀下来的泥浆宜设置脱泥设备进行处理。

五、建筑废弃物管控

（1）建设单位应会同施工单位制定建筑废弃物减量化计划，加强建筑废弃物的回收再利用。

（2）建设单位应会同施工单位建立建筑废弃物分类管理制度，记录产生的建筑废弃物类别、排放量、回收利用、去向等，接受主管部门的监督检查。

（3）房屋拆除工程施工前应编制"建筑废弃物减排及综合利用方案"。

（4）房屋拆除工程承包单位应具有相应施工资质及建筑废弃物综合利用能力。不具备建筑废弃物综合利用能力的施工企业，应与具备该能力的企业联合承包房屋拆除工程。

（5）工程施工废弃物的再生利用率不低于30%，建筑物拆除产生的废弃物的再生利用率不低于40%；对于碎石类、土石方类工程施工废弃物，可采用地基处理、铺路等方式提高再利用率，再利用率不低于50%。

（6）不能回收再利用的建筑废弃物应采用封闭式垃圾站存放，及时清运。

（7）生活区及办公区生活垃圾按照生活垃圾分类处理的有关规定处置。

（8）对于有毒有害废弃物，如电池、墨盒、油漆、涂料等，应回收后交有资质的单位处理，不能作为建筑垃圾外运，避免污染土壤和地下水。

六、施工现场卫生管理

施工现场必须建立健全卫生管理和长效保洁制度，负责落实各项卫生防疫措施，开展爱国卫生运动，搞好建筑施工现场"除四害"及消杀工作，保持工地内部生活环境整洁。

（1）施工现场职工食堂必须符合《中华人民共和国食品卫生法》的规定，卫生许可证和炊事人员健康证齐全。

（2）施工现场临时住宅按照干燥通风、采光良好和整洁卫生的原则搭设，现场临时住房要建立卫生责任制度，专人管理。

（3）施工现场必须建有符合卫生标准的水冲式厕所和浴室；设专人管理，保持卫生清洁，并定期施放药物杀灭蚊、蝇，做到无蝇、蛆，基本无臭味。

七、环境保护措施

1. 防止对大气污染

（1）施工阶段，定时对道路进行淋水降尘，控制粉尘污染。

（2）建筑结构内的施工垃圾清运，采用搭设封闭式临时专用垃圾运输或采用容器吊运或袋装，严禁随意凌空抛撒，施工垃圾应及时清运，并适量洒水，减少粉尘对空气的污染。

（3）水泥和其他易飞扬、细颗粒散体材料，安排在库内存放或严密遮盖，运输时要防止遗撒、飞扬，卸运时采取措施，减少污染。

（4）现场内所有交通路面和物料堆放场地全部铺设混凝土硬化路面，做到黄土不上天。

（5）在出场大门处设置车辆清洗冲刷台，车辆经清洗后出场，严防车辆携带泥沙出场造成道路的污染，特别是泥浆清运车，必须封闭严实，轮胎清洗干净才出场。

（6）现场内设置的食堂和宿舍，由专人负责管理，确保卫生和安全符合规定。

2. 防止对水污染

（1）确保雨水管网与污水管网分开使用，严禁将非雨水类的其他水体排进雨水管网。

（2）施工现场设沉淀池，将废水经过沉淀后排入指定污水管线。尤其是泥浆用定点沉淀后，再用编织袋运出场外堆放。

（3）厕所旁设化粪池和二级沉淀池，并定期请环卫部门进行粪便抽排。

（4）现场交通道路和材料堆放场地统一规划排水沟，控制污水流向，设置沉淀池，污水经沉淀后再排入市政污水管线，严防施工污水直接排入市政污水管线或流出施工区域污染环境。

（5）加强对现场存放油品和化学品的管理，对存放油品和化学品的库房进行防渗漏处理，采取有效措施，在储存和使用中，防止油料跑、冒、滴、漏污染水体。

3. 防止施工噪声污染

（1）现场混凝土振捣采用低噪声混凝土振捣棒，振捣混凝土时，不得振钢筋和钢模板，并做到快插慢拔。

（2）除特殊情况外，在每天晚22时至次日早6时，严格控制噪声作业，对混凝土搅拌机、电锯、柴油发电机等强噪声设备，以隔声棚遮挡，实现降噪。

（3）模板、脚手架在支设、拆除搬运时，必须轻拿轻放，上下、左右有人传递。

（4）使用电锯切割时，应及时锯片刷油，且锯片转速不能过快。

（5）使用电锤开洞、凿眼时，应使用合格的电锤，及时在钻头注油或水。

（6）加强环保意识的宣传。采用有力措施控制人为的施工噪声，严格管理，最大限度地减少噪声扰民。

（7）机械操作指挥尽可能配套使用对讲机或手机来降低起重工的吹哨声带来的噪声污染。

（8）木工棚及高噪声设备实行封闭式隔声处理。

（9）设专人负责扰民协调工作，现场设置居民接待室，负责接待和解决周边居民的投诉。

4. 限制光污染措施

（1）探照灯尽量选择既能满足照明要求又不刺眼的新型灯具或采取措施，保障夜间照明。

（2）只照射工区而不影响周围区域。

5. 材料设备的管理

（1）对现场堆场进行统一规划，对不同的进场材料设备进行分类合理堆放储存，并挂牌标明标示，重要设备材料利用专门的围栏和库房储存，并设专人管理。

（2）在施工过程中，严格按照材料管理办法，进行限额领料。

（3）对废料、旧料做到每日清理回收。

（4）使用计算机数据库技术对现场设备材料进行统一编号和管理。

6. 环保节能型材料设备的选择

以业主或业主代表为主导，在材料设备选型方面，遵从以下原则：

（1）满足设计要求；

（2）满足规范要求；

（3）满足质量和建筑物尤其是使用功能要求；

（4）满足环保、节能要求，具有良好的使用寿命，便于今后建筑物的维护和管理，达到降低建筑物维护管理费用和建筑物运营费用的目的；

（5）面砖和甲醛等材料的放射性物质含量必须符合国家有关标准的规定。

7. 环境保证措施

（1）成立环保小组，制定环境管理目标及措施，严格遵守国家有关环境保护法令，认真检查、监督各项环保工作的落实。

对职工进行环保知识教育，使人人都明确环保工作的重大意义，积极主动地参与环保工作，自觉遵守环保的各项规章制度，树立人与自然和谐共处的思想。

（2）施工便道指定专人洒水养护，确保周围环境不受粉尘的污染，同时在便道的道口和交叉道路处，派专人负责防护和清扫。

（3）合理安排施工区段和夜间施工，尽量减小对施工现场周围的影响。

（4）认真做好油库的管理工作，防止油料溢漏后污染环境。

第七节　应急管理

一、应急体系

1. 应急体系

一般指应急预案体系。应急预案指面对突发事件如自然灾害、重特大事故、环境公害及人为破坏的应急管理、指挥、救援计划等。它一般应建立在综合防灾规划上。其几大重要子系统为：完善的应急组织管理指挥系统；强有力的应急工程救援保障体系；综合协调、应付自如的相互支持系统；充分备灾的保障供应体系；体现综合救援的应急队伍等。

（1）应急体系构成

应急预案应形成体系，针对各级各类可能发生的事故和所有危险源制订专项应急预案和现场应急处置方案，并明确事前、事发、事中、事后的各个过程中相关部门和有关人员的职责。生产规模小、危险因素少的生产经营单位，综合应急预案和专项应急预案可以合并编写。

（2）综合应急预案

综合应急预案是从总体上阐述处理事故的应急方针、政策，应急组织结构及相关应急职责，应急行动、措施和保障等基本要求和程序，是应对各类事故的综合性文件。

（3）专项应急预案

专项应急预案是针对具体的事故类别（如煤矿瓦斯爆炸、危险化学品泄漏等事故）危险源和应急保障而制定的计划或方案，是综合应急预案的组成部分，应按照综合应急预案的程序和要求组织制定，并作为综合应急预案的附件。专项应急预案应制定明确的救援程序和具体的应急救援措施。

（4）现场处置方案

现场处置方案是针对具体的装置、场所或设施、岗位所制定的应急处置措施。现场处置方案应具体、简单、针对性强。现场处置方案应根据风险评估及危险性控制措施逐一编制，做到事故相关人员应知应会，熟练掌握，并通过应急演练，做到迅速反应、正确处置。

2. 危险源辨识分析

应组织开展施工项目现场危险源辨识评价工作，形成施工风险评价报告。对可能存在的脚手架坍塌，基坑坍塌，拆除工程坍塌，高、大型模板支架及各类工具式模板工程（含滑模）坍塌，群基坑效应引起的坍塌等极高风险等级的危险源应进行专门分析评价并提出有效管控措施。

3. 应急预案

针对可能发生的事故，应编制应急预案。应急预案应确保基本要素齐全，并可靠响应。

4. 现场应急抢险队伍组建

应结合施工现场实际，组建项目现场应急抢险队伍，配备专业应急装备，提升应急救援综合能力。

5. 应急知识培训

（1）应对项目管理人员开展应急知识培训。

（2）项目管理人员应了解和掌握危险识别、应急措施、紧急情况警报系统、人群安全疏散等基本应急知识，掌握工地现场危险物品事故的应急措施要求。

6. 应急预案定期评审、修订

应结合现场实际，定期对应急预案进行内部评审、修订，应急预案在相关的法律、法规、标准，适用范围、条件，项目应急资源等发生变化时，或发现存在问题时，应当及时进行评审和修订。

二、应急储备

1. 基本要求

应急计划编制是使项目经理识别其控制范围之外的关键假设及其发生概率的计划编制。以便当事情没有按计划进展，或一个预期结果没有成为现实时，可以有使项目成功的备用策略。

2. 应急储备管理

项目部对挖掘机、运输车辆、救生器材等大型抢险机械、运输工具、应急抢险施工队伍等应急资源实行动态管理，以便在处置各类突发事件时及时、准确地调用各类物资、设备。

三、应急演练

1. 基本要求

规范和加强现场安全事故（含坍塌、高空坠落、物体打击、触电、机械伤害等各类事故）、自然灾害（含雷暴、台风、地震等）公共卫生（含传染病、食物中毒等）社会安全等不同类型事件的应急措施要求，完善工程应急抢险专项预案。

2. 预案培训

对预案涉及的所有项目人员应进行预案内容的培训。在应急预案中承担应急职能的人员应符合分派职位的特点并接受一定的培训。熟悉应急程序的实施内容和方式，知晓他们在应急行动中承担的任务，应急预案更新应及时培训。

3. 预案演练

项目经理部应当制定应急预案演练计划，根据事故预防重点，每年在工地开展不少于一次的综合应急演练，每半年组织不少于一次的单项应急演练。

四、恶劣天气应急响应

1. 基本要求

畅通气象预警信息接收渠道，专人接收、处置气象预警信息。根据气象预警信息及政府通告，及时启动分级响应，根据响应级别的不同，分别组织现场隐患排查、设施加固、局部停工、全面停工、避险撤离、污染防治等应急工作。落实灾害天气条件下的值班值守，强化信息报送。

2. 雷电暴雨

（1）收到黄色及以上暴雨预警时，预警区域人员应停止户外作业，危险地带人员撤离至安全地带，疏散低洼地区易浸物资，避免财产受损，确保停工、停电。

（2）加派力量组织开展工地的安全检查，针对检查出的安全隐患及时整改，在危险区域、塔式起重机、脚手架起重机等场所和设施等部位设立警示标志，安排人员对安全隐患区域定点值守。

（3）塔式起重机等高耸机械设备以及钢脚手架和正在施工的在建工程等的金属结构应做好防雷措施。

（4）加强施工区域的排水措施，部署排洪设施，防止基坑积水浸泡。

3. 台风

（1）收到蓝色及以上台风预警时，预警区域人员应立即停止户外作业，人员撤离至安全地带，疏散低洼地区易浸物资，避免财产受损，确保停工、停电。

（2）加派力量组织开展工地的安全检查，针对检查出的安全隐患及时整改，在危险区域、塔式起重机、脚手架起重机等场所和设施等部位设立警示标志，安排人员对全隐患区域定点值守。

（3）开通工地视频监控信号，保障上级部门应急指挥所需。

（4）户外人员应关注台风和交通信息，远离大树、广告牌等可能发生危险的区域；远离架空线路、杆塔和变压器等高压电力设备，切勿接触被风吹倒的电线，避免在外逗留。

（5）室内人员尽快做好各项防风措施，如加固门窗、有条件的可在玻璃窗加贴胶纸等，切勿在室内窗户附近站立，以防玻璃碎裂伤人，并将置于窗台、阳台等处的花盆、杂物转移至安全地带，以免因台风侵袭坠落伤人。

4. 高温

（1）应对各班组进行施工降温专项安全交底。

（2）板房里应设置空调或者电扇，注意室内外通风。

（3）施工现场应提供符合卫生要求的绿豆水或盐水等防暑降温饮料。

（4）淋浴室应全天开放，保证职工洗澡用水。

（5）应配备防中暑各类药品，保证工人中暑时能够得到及时救治。

（6）具备条件时可为工人测量血压建立健康档案，发现血压超标时应强制工人休息。

第八节　智慧工地

随着时代的进步和信息化的发展，工程管理的复杂和施工现场的变动等因素都在要求建筑施工管理必须实现与互联网、智能软硬件的融合。曾经传统的管理手段无法使建筑企业或施工企业做到精细化管理，但云计算、物联网、传感器以及RFID等技术的发展和成熟，将改变这一被动局面，让建筑行业迎来信息化时代。

智慧工地施工现场原则上实施封闭式管理，设立进出场门禁系统，采用人脸、指纹、虹膜等生物识别技术进行电子打卡；不具备封闭式管理条件的工程项目，应采用移动定位、电子围栏等技术实施考勤管理。相关电子考勤和图像、影像等电子档案保存期限不少于2年。

各级住房和城乡建设部门、人力资源社会保障部门应加强与相关部门的数据共享，通过数据运用分析，利用新媒体和信息化技术渠道，建立建筑工人权益保障预警机制，切实保障建筑工人合法权益，提高服务建筑工人的能力。

从上面这些文件要求中可以看出，"智慧工地"作为一种崭新的工程现场一体化管理模式，已经成为大势所趋。

智慧工地将更多人工智慧、传感技术、虚拟现实等高科技技术植入建筑、机械、人员穿戴设施、场地进出关口等各类物体中，并且被普遍互联，形成"物联网"，再与"互联网"整合在一起，实现工程管理干系人与工程施工现场的整合。智慧工地的核心是以一种"更智慧"的方法来改进工程各关系组织和岗位人员相互交互的方式，以便提高交互的明确性、效率、灵活性和响应速度。

一整套的智慧工地现场管理信息化解决方案涵盖了人脸识别、设备监控、场地勘测、智能控制、行为预警等多个层面。

智慧工地可实现以下目标：

1. 全流程的安全监督

基于智慧工地物联网云平台，对接施工现场智能硬件传感器设备，利用云计算、大数据等技术，对所监测采集到的数据进行分析处理、可视化呈现、多方提醒等方式实现对建筑工地多方位的安全监督。

全天候的管理监控：为建筑企业或政府监管部门提供全天候的人员、安全、质量、进度、物料、环境等监管及服务，辅助管理人员多方位地了解施工现场情况。

2. 多方位的智能分析

通过智能硬件端实时监测采集施工现场的人、机、料、法、环各环节的运行数据，基于大数据等技术，对海量数据智能分析和风险预控，辅助管理人员决策管理，提高工地项目高效率。

城镇老旧小区长效管理

城镇老旧小区改造，"三分建，七分管"，为巩固改造成果，需要建立长效管理体系。通过积极探索党建引领、社区治理的有效路径，结合改造工作，同步建立健全基层党组织领导，社区居民委员会配合，业主委员会、物业服务企业等参与的联席会议机制，引导居民协商确定改造后小区的管理模式、管理规约及企业议事规则，共同维护改造成果。

第一节　老旧小区长效管理基本思路

一、老旧小区长效管理策略

1. 以人为本，因地制宜

城镇老旧小区的长效管理，目标是为了让人民群众持续享受改造后的成果，提升居民幸福感。因此，也必须做到以人为本，同时长效管理机制也应该结合小区、居民情况进行规划和调整。

2. 三方协同，良性发展

城镇老旧小区的管理，应该在基层党组织带领下，形成居委会、业委会、物业服务中心"三方协同"工作机制，统筹做好辖区管理服务工作，研究辖区内的重大问题和解决办法，在充分尊重居民意愿的前提下，提升造血功能，建立健全城镇老旧小区住宅专项维修资金归集、使用、续筹机制，促进小区改造后维护更新进入良性轨道。

3. 完善制度，常态治理

需要建立完善的长效管理考核机制，通过线上、线下交流和征询，和居民做到有效沟通，并充分调动居民力量，加入常态管理。

二、老旧小区长效管理形式

根据《杭州市老旧小区综合改造提升技术导则（实行）》强化长效管理必须落实责任、强化管理，融入智慧管理、辅助管理等机制。业主可建立三种管理形式，对房屋及配套的设施设备和相关场地进行维修、维护、管理，并且维护相关区域内环境卫生和秩序。

2007年3月16日，全国人大第五次会议中通过的《物权法》，第八十一条明确指出，业主自管也就是由业主委托业主委员会直接对小区的物业事务进行管理和服务这一模式，是对社区管理的一种有益的探索和尝试。

　　抛开业主委员会的主体地位这些法律层面的问题，随着现在专业化分工越来越细、社会服务性行业越来越多，单就物业管理的基本内容来说，业主委员会选聘一位类似于注册物业管理师这样的职业经理人来具体负责小区的物业管理服务工作，相应业务根据实际情况或者分包给专业公司实施，或者从社会上招聘适当人员来自行完成，从技术层面而言这已经不是什么难事。

　　对于条件不具备，难以请到专业物业公司的，街道、社区帮助指导成立居民自治小组、小区业主委员会或小区管理委员会，采用居民自治管理模式，"自家事情、自家人管"，充分发动居民共同参与，以自治为核心，以共治善治为方向，以"巩固改造成果、提升居民幸福感"为目标，真正实现居民事"自己议、自己管、自己办"的居民自治管理模式。

　　① 标准物业：小区业主通过选聘物业服务企业的管理形式（图5-1）。

　　② 业委会自管：小区业主通过成立业主委员会来自行管理的形式（图5-3、图5-4）。

　　③ 居民自管：小区业主自行成立小区管理委员会来管理小区物业的形式（图5-2）。

图5-1　标准物业

图5-2　居民自管

图5-3　业委会自管

图5-4　业委会自管

第二节　物业管理规则

一、权责分明原则

在物业管理区域内，业主、业主大会、业主委员会、物业管理企业的权利与责任应当非常明确，物业管理企业各部门的权力与职责要分明。一个物业管理区域内的全体业主组成一个业主大会，业主委员会是业主大会的执行机构。物业的产权是物业管理权的基础，业主、业主大会或业主委员会是物业管理权的主体，是物业管理权的核心。

二、业主主导原则

业主主导，是指在物业管理活动中，以业主的需要为核心，将业主置于首要地位。强调业主主导，是现代物业管理与传统体制下房屋管理的根本区别。

三、服务第一原则

所做的每一项工作都是服务，物业管理必须坚持服务第一的原则。

四、统一管理原则

一个物业管理区域只能成立一个业主大会，一个物业管理区域由一个物业管理企业实施物业管理。

五、专业高效原则

物业管理企业进行统一管理，并不等于所有的工作都必须要由物业管理企业自己来承担，物业管理企业可以将物业管理区域内的专项服务委托给专业性服务企业，但不得将该区域内的全部物业管理一并委托给他人。

第三节 物业管理和服务内容

物业管理中公共性的管理和服务工作，是物业管理企业面向所有住户提供的最基本的管理和服务。主要有以下8项：

（1）房屋建筑主体的管理及住宅装修的日常监督；

（2）房屋设备、设施的管理；

（3）环境卫生的管理；

（4）绿化管理；

（5）配合公安和消防部门做好住宅区内公共秩序维护工作；

（6）车辆秩序管理；

（7）公众代办性质的服务；

（8）物业档案资料的管理。

2007年3月16日全国人大第五次会议中通过的《物权法》，第八十一条明确指出，业主自管也就是由业主委托业主委员会直接对小区的物业事务进行管理和服务这一模式，是对社区管理的一种有益的探索和尝试（图5-5、图5-6）。

图5-5 业委会自管模式 　　　　　　图5-6 居民自管模式

第六章

城镇老旧小区改造优选案例

第一节 杭州市拱墅区大关街道德胜新村改造工程

一、项目概况

德胜新村建成于20世纪80年代末，东临上塘河，南沿德胜路，西邻上塘路，北靠胜利河，总用地面积16.34万m²，总建筑面积22.46万m²，共105栋建筑，其中居民住宅85栋，公共配套用房20栋。小区住户3500多户，人口近万人，其中残疾人76人（含视障25人），老年人2055人，老年人占比20.6%，入住居民中老年人与残障比例高。

基于调查和了解，改造前的小区存在如下问题：

（1）基础设施陈旧，养老服务和无障碍设施不足；

（2）消防设施落后，消防安全隐患突出；

（3）绿化损坏严重，社区文化建设缺失；

（4）安防建设不足，难以保障居民生活安全。

本项目改造按照基础设施改造、服务配套完善、社区环境与服务提升的要求，构建五分钟、十分钟、十五分钟生活圈，立足"万物育德，人以德胜"理念，建设满足老年人集"健养、乐养、膳养、休养、医养"于一体的社区乐龄养老生态圈，满足居民生活的便民商业服务圈，满足居民教育学习的文化教育学习圈，满足老年人及残障人士的无障碍生活圈，满足居民就近休闲健身娱乐的社区公共休闲圈。基于此，打造"安全智慧、绿色生态、友邻关爱、教育学习、管理有效"的完整居住社区，打造老旧小区综合改造的样板、老旧小区改造无障碍建设的样板、老旧小区改造构建完整居住社区的样板。该项目于2020年5月开工，同年12月完工。

二、项目实施方案

（一）改造内容方面

德胜新村老旧小区改造以满足群众对美好生活需求为导向，改造基础设施，完善配套服务，提升社区环境，整合片区存量资源，传承社区文化记忆。德胜新村老旧小区综合改造提升项目，主要有基础类、完善类、提升类三大类改造。

1. 基础类改造

本次基础类改造主要涉及建筑外立面修补、楼道修整、屋面修缮、安防设施改造、消防设施改造、道路整治、垃圾分类及环卫设施、雨污分流及排水设施提升、小区供水改造、供电管线"上改下"、强弱电整治、无障碍设施建设等改造内容。

本次改造通过拓宽小区道路，打通小区生命通道，新建小区消防微型站，消除了消防隐患；通过改造和提升小区排水设施，全面实行雨污分流；通过全面改造提升供水管网，实行一户一表和远程抄表；通过小区架空管线全面"上改下"，实行"三网合一的驻地网模式"，实现光纤入户；通过建设无障碍通行专用道路环线，改造无障碍和适老设施，并运用信息化科技，建设信息化盲道，使得整个小区做到"出行通畅、节点可达、配套便捷、环线可通"。

2. 完善类改造

本次完善类改造主要涉及违章及私搭乱建拆除、围墙提升、室内外照明系统改善、电梯和智能信报箱加装、绿化提升、适老和适幼设施改造、休闲与健身设施及场所改造、设备设施用房增设、小区特色文化挖掘、党建风采呈现、停车序化管理及挖潜改善、新能源车位推广、非机动车充电改造等内容。

3. 提升类改造

本次提升类改造主要涉及养老服务及场所、托幼设施、城市驿站、德胜八景主题口袋公园的建设，社区服务和非遗文化传承提升，以及小区出入口形象提升等内容。按照"一园五区八景"的整体布局，本次改造依托非遗文化传承，充分挖掘德胜新村文化底蕴，着力构建文化休闲、娱乐休闲、运动休闲为一体的品质社区。

德胜新村构建成完整居住社区时，衍生出多个智慧信息化平台，具体内容包括：

（1）构建完整居住社区：德胜新村率先落实完整居住社区建设。

1）建设绿色生态社区：建筑节能改造、景观空间及绿化提升、零直排工程、环卫设施、海绵城市、新增新能源充电桩、用于专业垃圾回收的环保小屋。

2）建设友邻关爱社区：无障碍建设、孝心车位及长效管理、残疾人助力车管理及停放、残障关爱及健身场所、邻里公共空间。

3）建设安全智慧社区：社区治理一化三平台建设、应急救灾防控体系、智慧安防并网公安系统、房屋安全鉴定、消防提升、智慧用电安全监管。

4）建设教育学习社区：兼具社区图书馆功能的大关学堂、德胜托幼中心、文化家园、第三方运营的百姓戏园、非遗传承人主题公园。

5）建设收支平衡社区：盘活国资存量，引入社会力量设置老年助餐食堂、便民服务点、药店等。利用小区自身资源创收，对小区停车位和广告位实施收费管理。

（2）构建智慧安防综合平台：德胜新村依托互联网技术，按照"五级设防"的模式，建设"智安小区"。

1）建设周界防范系统。德胜新村老旧小区改造中安装周界高清摄像41个，并与智慧安防系统管理平台实时连接。

2）建设出入管理系统。此次改造在出入口安装人脸识别相机26个、人行闸机6套、车行自动监控跟踪系统4套。为建立智慧安防社区，强化小区"智安"管理提供了基础保障。

3）建设园区监控系统。此次改造在公共空间处安装了广角高清红外视频监控摄像机238处，完善整个小区内部公共空间的监控系统建设。

4）建设重点监控系统。此次改造在主要交通路口、小区人口密集的德胜公园等重点区域安装了广角高清红外视频监控摄像机12处，部分区域采用360°全景云台控制系统。

5）建设单元门禁系统。此次改造安装了单元门禁204套，并与小区智慧管理平台无缝对接，确保居民住得放心，家门进得安心。

（3）构建智慧消防综合平台：德胜新村在老旧小区改造中，充分利用信息化手段，构建了一套智慧消防综合管理平台。

1）完善消防报警系统。此次改造对社区电瓶车集中充电库、社区公共服务中心等重点公共区域安装了31个独立式光电感烟、感温、可燃气体三种火灾探测报警器，设置了525个消防喷淋装置，对小区独居老人或残疾居民家庭安装了消防报警装置13户，建立了一套全域消防报警系统，确保24小时监测与预警。

2）打造消防生命通道。此次改造中建设了消防生命通道专用道路2392m，改造和完善室外消火栓12处，改造了社区消防监控室，建立了24小时消防安全监测系统。保障了"人民生命的宽度"，提高了"关爱人民的温度"，增加了"政府对群众的厚度"。

3）建设应急救灾系统。此次改造安装了小区入口体温红外检测设备5处，建设社区隔离室2处、小区应急疏散广场1处以及基于新冠疫情防控的体温红外检测系统和自然灾害应急救援体系，保障了应急救灾数据采集与信息城市平台及卫健防控管理系统实时对接。

（4）构建社区适老关爱体系：完整居住社区建设离不开适老建设和残障关爱，德胜新村老旧小区改造中建设了无障碍信息化系统和适老关爱体系，构建了

15分钟无障碍生活圈。

1）建设无障碍畅通道路。此次改造中建设和改造了盲道485m、无障碍坡道22处、残障助力车位12个，平整了小区通行道路3980m，确保了社区无障碍道路的畅通。

2）建设无障碍通行环线。建设无障碍通行环线对于提高老年人和残障人士的生活幸福感尤为重要。此次改造中改造了无障碍环线2637m，有效地保障了小区无障碍通行的环线闭合要求。

3）建设无障碍休憩节点。此次改造中建设了全龄休憩活动场所2处，改造德胜公园7800m²，建造了以"德胜八景"为主题的休息凉亭8处和口袋小公园3处，并设置了残障健身设施1套、残障关爱活动场所3处。

4）建设无障碍配套服务。此次改造中对小区公共配套服务场所进行无障碍适老化改造，建设无障碍公共卫生间3处、无障碍坡道22处、低位服务台2处，并建立了适于老年人和残障人士使用的信息服务设施。

5）建设信息无障碍系统。此次改造中设置了无障碍地图引导牌1处、无障碍综合信息服务亭3处，室内室外视障辅助提示器共计45处，构建了德胜新村无障碍信息化系统。

（5）构建社区智慧养老平台：德胜新村在此次老旧小区改造中，构建了基于"健养、乐养、赡养、休养、医养"于一体的社区智慧养老系统，保障了居民老有所养、老有所乐的品质生活。

1）建设阳光管家系统。此次改造中依托"阳光大管家"综合管理服务信息网络平台的建设，建立了集老年人动态管理数据库、能力评估等级档案、养老服务需求等一体的"老人关爱电子地图"。

2）建设社区照料系统。此次改造中建设了社区老年人日间照料中心558m²，满足了社区内生活不能完全自理、日常生活需要一定照料的半失能老年人的个人照顾、保健康复、休闲娱乐等日间托养服务需求，建立了半失能老年人的社区居家养老服务新模式。

3）建设乐龄养老系统。此次改造中建设了社区乐龄养老中心830m²，建立老年人信息数据库为基础的乐龄家智慧养老服务系统，为社区工作人员及时了解社区老人的需求，为其提供高品质服务建立了保障。

4）建设社区文化家园。此次改造中利用原有非机动车停车库，整合闲置资源，建设社区文化家园2210m²，利用智慧化管理手段，将小区改造中建设的大关学堂、百姓戏园、非遗传承人主题公园、劳动模范展示点等场所无缝串联，打造以社区文化家园为载体的教育学习型社区。

（6）构建智慧停车管理系统：老旧小区内停车难的矛盾日益突出，而建设智慧停车管理系统是解决停车难的最有效抓手，本次改造建立了智慧化停车管理系统，从技术上解决停车难的问题。

1）建设智慧化道闸系统。此次改造中新增停车位147个，并建立无人管理智能停车系统，自动识别出入车辆，决定是否抬杆放行。目前共有980个车位，其中无障碍车位8个，道闸系统3套。

2）建设新型能源停车位。节能减排、利用新能源、建设绿色社区是老旧小区改造中的基本任务，此次改造中设置新能源车位30个，利用社区智慧停车系统加以统一管理。

3）建设孝心停车位。亲情是老人最需要得到的，社区为给回家看望父母的子女提供便利，推出了8个孝心车位，结合智慧停车系统设置了相应的免费优惠服务时间。

4）建设电瓶车充电场所。此次改造中设置室外非机动车棚12处、充电车位532个、室内非机动车库8处、充电车位660个，并利用在线监控、实时报警等智慧化措施与社区综合治理平台及区公安救援中心建立实时联动。

（二）群众参与方面

德胜新村旧改工作积极调动了居民参与力量，改造之初，大关街道设立了旧改专班，成立了以社区书记和主任牵头的社区工作小组，充分发挥社区党组织的带头作用，方案设计阶段全过程以"居民"为中心，充分听取民意，做到"四问四权、三上三下"：

"三上三下"：一上汇总居民需求，一下形成改造清单；二上居民勾选内容，二下安排实施项目；三上邀请协商代表，三下编制设计方案。在社区组织下，以展板展示、上门沟通、宣讲、协商会、布置宣传接待点等方式开展"三上三下"沟通工作。

"四问四权"：问情于民，"改不改"让百姓定；问需于民，"改什么"让百姓选；问计于民，"怎么改"让百姓提；问绩于民，"改得好不好"让百姓定。与居民沟通应是多维度的，要有统一的居民意见调查表、反馈表，以菜单的形式给予居民选择，越是居民关心的问题，越应该有全面的部署。

在这一举措之下，德胜新村旧改项目的居民同意率高达98%。

项目施工阶段，旧改专班始终坚持"居民的事，居民自己做主"的原则，成立了由热心居民参加的"居民质量监督小组"，全程监督工程质量；同时，在项目实施过程中，社区工作小组和EPC总承包单位实行严格、安全、文明的施工管理，坚持每日例会制度，基于居民的诉求，不断调整和优化现场施工组织，最大限度地减少对居民日常生活的干扰。

（三）资金筹措方面

老旧小区改造，改善了居民居住环境，提高了居民生活品质，最终受益的是居民。旧改专班通过正确引导居民、产权单位积极主动参与小区改造提升，多方筹集资金。本次改造除了引入多方社会资本，居民也自筹资金用于该项目。

如本次改造中既有住宅加装电梯2台，市区财政补贴20万元，剩余80万元资金全部由居民自行承担。

（四）推进机制方面

为了让德胜新村旧改项目顺利实施，为了让居民住户都能满意，街道、社区、业委会三方联动助推。旧改项目实施之初，街道、社区联合业委会在小区内3次征求民意，党员代表和热心居民积极为街坊邻居们做好旧改的政策宣读解释，最终3次征求民意都100%通过。

三方还共同搭建居民参与建设过程的平台，成立业委会监督小组，该小组主要起到组织和协调居民、倾听居民意见、采纳居民合理化建议、调整改造范围内的方案、组织居民参与监督等作用。

此外，三方还组织建立居民参与建设的微信群、意见收集箱、建材展示台、进度计划公示表等多方式参与机制。

（五）后期长效管理方面

1. 专业物业抓准管理着力点

德胜新村在后期的长效管理上，建立专业物业管理模式，由专业物业对小区进行专门管理。

物业公司采用网格化管理，对社区基础设施、公共空间、居民服务、安全维护等进行"定人、定岗、定责"管理制度，并组织引导居民参与"院子"管理，贯彻"幸福生活与美好环境共同缔造"理念，实现决策共谋、发展共建、建设共管、效果共评、成果共享。

2. "建管同步"找准后期收益点

在后期长效管理上，德胜新村坚持"建管同步"，充分找准后期的收益点，为后期物业管理提供必要的资金来源保障。

同时社区通过免费提供给物业公司部分门面房，作为物业为社区居民提供线上线下经营服务，用于物业对居民提供有偿维修收费服务，并且小区内广告宣传栏也能为物业提供一部分收入，让物业公司在项目管理中能够真正有利可取。改造后新增机动车停车位147个，全小区共980个机动车位，还有部分经营用房、食堂等能为社区提供一部分维护资金。通过充分挖掘维持后期管理的收支平衡，让老旧小区改造长效管理能够落到实处，确保了稳定持续运行。

3. 党建引领发挥居民自治力

德胜新村在改造中始终坚持"党建引领"，做好"聚心、聚力、聚智"三道"民心"加法题，发挥"聚人心、暖人心"六字乘法效应，贴心打造了一支居民志愿者组成的"360美好家园监督团"，助推党建引领凝聚人心、凝聚众智、凝聚合力，构建各方共建机制。

三、项目亮点分析

1. 党建引领凝聚多方合力

德胜新村旧改实施和长效治理中，始终坚持党建引领，充分发挥基层党组织的治理效能和基层党员的模范作用，以为民、惠民为服务宗旨，调动各方力量合力推动旧改项目进行。

同时，德胜新村改造过程中始终坚持"居民的事情，居民自己做主"的原则，充分尊重使用主体的意见。

2. 长效管理运营，因地制宜

小区长效管理包括改造成效保持和维护。在党建引领下的小区管理主要由专业物业、社区统筹、小区微治理、居民自管四种形式组成。在长效管理方面，应根据小区的特有属性选择最合适的管理模式，才能够满足居民日常生活需求，使得小区管理持续向好发展。

德胜新村在居民意见下，选择引进专业物业管理，在后续管理中也赢得了居民的好感，改造后居民的物业缴费率达到90%以上，居民自主管理参与度大大提升。

3. 匹配的社会资本参与改造

考虑到德胜新村残障及老龄化比率较高，本项目在主体部门尽全力实施打造基础上，还创新引入匹配适宜的社会资本共谋、共建、共享，同时组织社会力量参与老旧小区改造，有力落实资金合理共担机制，减轻政府负担。

在养老服务方面，社区引进社区民营资本——杭州宏爱助老为老养老服务有限公司，投入600万元，共同打造社区养老生态圈。在供水设施改造方面，杭州市水务集团有限公司也投入750万元，用于小区内的老旧生锈管道更新，提高居民生活品质，让居民吃上放心纯净水。

4. 发挥专业优势，设计师进驻社区

德胜新村老旧小区改造中，充分发挥了专业资源优势，旧改之初，专业设计师就进入社区，和居民一起从问题排查、问题解决、方案设计、现场施工、效果呈现等全过程参与改造，进一步提升了居民的获得感。

5. 闲置资源利用，改造成配套服务设施

在本次旧改中，德胜社区与杭州市水务集团关于300m²的泵房使用权成功签约，使用期限三年。此外，杭州市水务集团、拱墅区旧改办和大关街道党建共建长期战略合作协议，制定三方单位长期服务大关居民的相关方案计划。

至此，一直困扰社区多年的配套用房问题迎刃而解，社区计划将泵房所在地通过旧改改造成"百姓学堂"和"社区大管家"，给属地居民提供一个可静可动、内外相通的休闲娱乐场所。区市场监管局还将位于德胜新村20幢的40多平方米的房产，提供给社区设立党群服务中心，助力社区给辖区居民提供一个更好的便民服务平台。

小区改造前后对比见图6-1～图6-14。

图6-1 主入口改造前

图6-2 主入口改造后

图6-3 西二门改造前

图6-4 西二门改造后

图6-5　东门改造前

图6-6　东门改造后

图6-7　德胜公园改造前

图6-8　德胜公园改造后

图6-9　阳光老人家改造前

图6-10　阳光老人家改造后

图6-11　城市驿站改造前

图6-12　城市驿站改造后

图6-13 社区服务中心改造前

图6-14 社区服务中心改造后

第二节 阿克苏市小南街片区综合整治提升工程

一、项目概况

阿克苏市小南街片区位于新疆阿克苏市团结西路28号，是由西大街，南大街，团结路，人民路围合形成的居住片区，总占地面积14.1hm²，共有40幢楼房，总建筑面积22.98万m²，总户数2145户，总人口7500多人。

小南街片区最早是由16个小区组成，分别是南电力小区、金石建业小区、广电小区、市长楼家属院、糖烟酒公司家属院、食品公司家属院、公路管理局家属院、阳光花园小区、修造厂家属院、邮电局家属院、金石三分公司家属院、地质八大队家属院、传输局家属院、国税局家属院、公路管理局家属院等。在最初的小区设计建设中，多作为单位家属院功能使用。

设计团队在调查中发现，小南街片区主要存在如下问题：

（1）围墙阻隔各小区，居民出行不便；

（2）楼梯踏面破损年久失修；

（3）雨污管道不畅；

（4）缺少公共休憩活动场所。

二、项目实施方案

（一）改造内容方面

在小区改造初期，设计团队在道路交通梳理方面进行了详细的构思和设计，内部围墙全部拆除后再将原有十六个小区重新划分成九大片区，其他的改造项根据当地情况，因地制宜地进行增减项，将改造资金用到刀刃上。

阿克苏市小南街片区综合改造提升项目主要从基础设施类、完善小区环境类和提升服务功能类三个方面进行改造。

1. 基础设施类改造

基础设施类改造重点包括消防设施改造、安防设施改造、小区适老设施改造、建筑外立面渗漏维修及外墙饰面翻新、局部屋面漏水修复、小区内部道路整治提升、停车泊位挖潜、雨污水分流改造等。

2. 完善环境类改造

完善环境类改造主要涉及违章及私搭乱建拆除、围墙拆改、绿化提升、室内外照明系统改善、智能信报箱和电梯加装、适老和适幼设施增设、休闲与健身设施及场所改造、设备设施用房增加、停车序化管理及挖潜改善、新能源车位推广、非机动车充电改造、小区特色文化挖掘、党建风采呈现等。

3. 提升服务功能类改造

提升服务功能类主要涉及养老服务用房、社区服务用房等改造。

（1）阿克苏住房和城乡建设局、街道、社区三方联合进行国有存量资源回收，阳光花园小区内原有一废弃体育馆，出租给私人企业开办洗车服务用房，本次改造时，通过多次沟通，收回房屋使用权，改造为社区服务中心。

（2）地质八大队家属院、国税局家属院各有一幢二层公建用房，房屋质量尚好，但已闲置很久，本次改造重新定义其功能，改造为养老用房和托幼用房。

（二）群众参与方面

本次改造方案问计于民。由于小南街片区涉及多个小区，项目实施前，相关部门经全面排摸，统筹确定需改造的小区。同时，在改造要改什么、怎么改问题上，还广泛发动居民参与制定方案，由居民点单、明确改造内容和改造方案。最终确定重点改造意愿集中的前5个项目：增加停车设施、适老性改造、雨污改造、道路交通改造、居民活动场地改造。

此外，相关部门还多次组织街道、社区、业主代表、专家顾问讨论改造方案设计，在广泛征求居民意见之上，落实居民需求。

改造过程问效于民。围绕"实施基础改造、促进功能提升"的总体要求，改造阶段，社区党群服务中心保持和居民顺畅沟通，投诉渠道长期开放，设计师全程驻场，及时沟通施工中的扰民和质量问题等。

竣工验收阶段，相关部门还邀请居民代表参加，对改造成果进行满意度打分，对改造工作是否落实居民意愿进行监督。

（三）资金筹措方面

本次改造的资金，主要来自于国有资本配套，同时多方落实改造资金。资金筹措具体内容包括：

（1）收回原有出租国有资产投入改造，多次沟通取得使用权；

（2）支持小区居民提取住房公积金用于加装电梯等自住用房改造；

（3）拆除等级达到D级的危房，政府出资临时安置住在危房中的居民；

（4）加大产权单位的出资力度，包括水务、电力、通信等产权单位参与改造的实施力度，减轻主体改造资金的压力。

（四）推进机制方面

本次改造过程，注重改造质量，强化质量监管。改造之初，街道牵头设立部门联席会议等工作协调机制，成立了工程质量安全监管小组，监理方、施工方、社区以及居民代表共同参与。同时，监管小组组织开展质量安全比拼活动，对施工材料、工艺、产品等实行全程监督，督促施工方科学合理组织施工，确保工程质量安全。

在施工推进过程中，监管小组坚持问题导向、目标导向、效果导向，定期开展质量安全巡检活动，及时研究解决改造中存在的突出问题。

（五）后期长效管理方面

小南街片区原有十六个小区彼此交错纵横，由五个物业公司各自负责一部分，另有部分小区没有物业管理。改造后由街道、社区、业委会三方联动，对原有物业公司进行考核，最终只留下一家物业公司，对整个片区进行集中的物业管理。这一举措，有利于资源优化配置，让整个片区居民共享统一的管理服务，同时让优质的物业公司扩大管理范围，增加了资金来源，从而确保了整个片区长效管理的可持续。

三、项目亮点分析

1. 以片区整体性重新规划交通路网

本次旧改工程中，将原有片区的交通路网进行整体性规划和改造，从而确保所有小区居民出行的便捷性。首先对于片区内部围墙进行拆除，交通路网重新规划后，道路变宽了，车位增加了，交通通畅了。围墙的拆除，打破的不只是物理空间的壁垒，打破的也是人们心中的隔阂。

2. 存量房的利用和回收，反哺于民

本次片区旧改工程，充分利用小区内的优势资源和存量资源，合理拓展改造实施单元，同时推进相邻小区及周边地区资源共享，推进各类共有房屋统筹使用。

本次改造中，对于国有存量资源进行回收和改造，真正盘活了存量房，造福于民。如另作他用的旧体育馆回收，从而改造为社区服务中心，废弃公房整改为小区缺乏的适老和适幼活动中心，原有锅炉房改建为便民服务中心。小区内原有体育馆，已租给私人企业作为洗车用房，改造过程中通过多次沟通，收回国有存量资源，改造为社区服务中心。两栋原有二层公建，废弃多年，房屋质量尚佳，本次改造后作为老人活动中心和儿童活动中心，对原有锅炉房进行改建，改为便民服务中心，将国有存量资源进行充分利用。

改造前后效果对比见图6-15～图6-20。

图6-15 停车序化改造前

图6-16 停车序化改造后

图6-17 建筑立面改造前

图6-18 建筑立面改造后

图6-19　城市驿站改造前　　　　　图6-20　城市驿站改造后

第三节　杭州市拱墅区米市巷街道叶青苑小区改造工程

一、项目概况

米市巷街道红石板社区叶青苑小区坐落于杭州美丽的京杭大运河畔，是典型的"老破小"小区，于1999年交付入住，建筑总面积1.5579万 m^2 ，共有房屋4幢，居民211户，老龄化已达28.5%。

改造前，该小区存在如下问题：

（1）墙、屋面渗漏多年；

（2）公共空间不足；

（3）存在垃圾乱堆放现象，垃圾清运难；

（4）绿化杂乱，运河景观被遮挡。

该项目于2019年列入城镇老旧小区改造计划，于2019年底完成改造，并入选2019年度杭州老旧小区改造工作典型案例。

二、项目实施主要做法

（一）改造内容方面

本次改造从居民需求出发，以提升小区综合环境为宗旨，根据小区的独特地理优势属性，以"雅居运河之畔"为主题融入小区改造提升。展示不施浓艳粉黛、情怀高远的气韵。打造特色的和谐、安全、颐养的生活小区。叶青苑老旧小区综合提升改造项目，主要是分为三大类：基础类改造、完善类改造、提升类改造。

1. 基础类改造

本次基础设施改造涉及外墙渗漏维修及翻新、屋面漏水改造、地下室改造、小区内部道路整治提升、建筑雨污水改造、建筑智能化改造、消防设施改造等。

同时，贯彻落实垃圾分类工作，优化垃圾站点。改造后，原有分散式垃圾桶收集点和垃圾投放点整改为集消毒、清洗、污水处理等功能于一体的智能垃圾投放集置点，并设置大件垃圾临时堆放点，实施"三定"垃圾分类制度，严格按照垃圾分类最新标准实施。

此外，本次改造对单元楼道进行整治，做到整洁明亮有序。

整治工作包含对单元楼道内强弱电线进行整理序化；对楼梯扶手油漆进行翻新；对踏步进行修缮；楼梯平台处增加节能窗；完善提升楼道内声控感应吸顶灯、无障碍休息椅、灭火器、应急照明、疏散指示灯等；对楼道违章改建进行拆除清理，增加消防设施，保持消防通道畅通。

本次改造还完善了小区安防系统，补充入口门禁设施，增加车行及人行道闸，增加人脸抓拍摄像头，增加监控设备，全方位无死角覆盖，监控数据与公安系统实时传输。同时，更换小区原破损单元门，安装人脸识别系统，方便居民进出，增加小区安全性。完善了居民基础设施和"里子"工程。

2. 完善类改造

本项改造主要涉及违章及私搭乱建拆除、围墙提升、绿化整治、室内外照明系统改善、智能信报箱加设、预留加梯基础位置、适老和适幼设施增设、休闲与健身设施及场所改造、设备设施用房增加、停车序化管理及挖潜改善、新能源车位推广、非机动车充电改造、小区特色文化挖掘、党建风采呈现等。

通过绿化整治，提升了小区景观效果。本次改造对影响居室日照的大型乔木进行修剪，提升植物配置，做到开门见绿，四季有花。同时，打通小区两条步行内环流线，串联起中庭休闲区、全龄活动区、景观游步道等，结合运河文化主题围墙、植被景观等进行优化改造，高外墙的镂空处理，借"运河之壮景"入小区，使"面子"得到极大提升。

通过整合空间，设置活动区域。小区原活动场地缺少硬质铺装，绿化杂乱，活动不便且缺少儿童活动场地。本次改造对场地内绿化进行整理，铺设塑胶场地，合理排布健身器材，增加儿童游乐设施，解决社区孩子没有玩耍空间的遗憾，提升居民幸福感。

3. 提升类改造

该项目提升服务功能类改造包括：丰富社区服务供给、提升居民生活品质、立足小区及周边实际条件积极推进配套服务用房建设。

本次改造中，充分盘活小区自有国资存量，杭州市建委将两套约140m²的存量用房移交社区，用于居家养老用房和老年助餐等适老设施建设。

（二）群众参与方面

1. 鼓励居民参与，自发形成改造带头人

叶青苑小区房龄普遍20年以上，周边房地产开发建设、年久失修等综合原因引起房屋品质的下降已经严重影响了居民的日常起居生活，居民信访不断。本次旧改推进，街道抓住居民痛点、治理堵点，以提升群众满意为宗旨，广泛征集居民意见，使得原有信访居民转变为改造带头人，居民满意度和获得感直线上升。

2. 实行专业指导，提高改造成效

本次改造充分发挥专业指导力量，采取"三师汇合"的方式，设计师全程驻点小区，并且成立民间监理员队伍，由专业监理进行相关业务指导，深入了解施工规范、学会检查工程质量，让居民对改造不仅仅是"听""看"，更是"懂""透"，并且能够在日常生活中就能够对自己小区改造的工程质量进行监督，随时发现问题，随时上报社区和监理，及时根据居民意见完善方案，保证工程质量，把难处变成现实，从而提高项目建设成效。

例如，在本次改造中，施工方提供了若干款小区需更换的单元门和雨棚，由民间监理员进行质量把关后，再在小区内进行展示，供居民投票选择。

3. 发挥居民主观能动性，实现共同改造

本次改造，业委会发挥了积极的作用，调动了居民主观能动性，发掘小区内的专家业主、热心居民，推进全程以居民为中心实施改造。在改造实施过程中，设计师全程驻点小区，及时根据居民意见完善方案。如小区整体改造基本思路，由居民参与决定并最终确立为景观设计与大运河相融合，打造生活流线与文化流线"两条线"。

部分居民还主动参与了居民间的沟通调解工作，确保工程顺利进行。例如，改造过程中，需要做雨污分流，有46户居民阳台做了凸保。由于无法做雨水管立管工程，需要对保笼进行拆除，因此居民会有抵触情绪。社区、施工方多次上门沟通无果，于是热心居民自发地利用晚上挨家挨户上门，站在同为小区居民的角度从保笼的安全隐患到小区的整齐美观，从"五水共治"的重要性到小区改造的长远性，通过耐心的沟通和劝说，得到了46户居民的认可，拆除了保笼，为后续工作推进奠定了基础。

（三）资金筹措方面

结合项目具体特点和改造内容，不同改造内容可以明确出资机制，合理确定改造资金共担机制。

本次改造中，由政府主导参与，完善基础设施。政府负责基础设施改造资金，出资进行市政道路、雨污管网、景观绿化、建筑本体、安防消防等改造。

同时建立资金共担机制，解决部分改造项目资金短缺的问题。根据"谁受益、谁出资"原则，叶青苑小区居民通过自筹资金，合理共担，对四小件（雨棚、晾衣架、空调格栅、保笼）进行改造升级；小区加装电梯也由居民出资加政府补贴共担完成。

本次改造强化多方参与，倡导共同缔造。通过明确增加的设施设备的产权关系，引导管线单位或国有专营企业自行出资进行相关单项工程的改造，如对供水、供电、供暖、供气、通信等专业经营设施设备的改造提升。比如，叶青苑小区内原有的自来水管全部是铸铁管，更换水管费用较高，但也是居民所需、所急、所盼的事情，在杭州市水务集团的大力支持下，免费更换了小区内所有表前管。电力部门也大力支持本次改造，免费更换了小区变压器并进行迁移。

（四）推进机制方面

1. 完善推进机制，充分尊重民意

本次改造以基层党建为引领，以小区为单位，以改善小区人居环境的实事为切入点，发挥党员模范先锋作用，由党员带头，在项目实施前针对"改不改""改什么""怎么改"逐一入户征求居民意见，在设计方案公示过程中，通过入户调查、方案比选、座谈议事、问卷调查、意见征集会等形式，广泛征集居民意见，每周召开例会整理居民意见并讨论解决方案，确保小区改造充分尊重民意。

2. 成立专业小组，建立良好的沟通渠道

本次改造工作中，建立了社区街道专班和现场工作小组，形成逐级上报机制，定时定点上报，突出反映改造过程中的特色亮点和困难问题；同时充分发挥新闻媒体的作用，有重点、有计划、分步骤地对改造项目开展宣传，赢得市民群众的理解、支持和配合，共同营造良好的氛围；另外，建立并完善老旧小区改造提升联席会议制、街道领导班子成员联系服务制和每周例会机制、"双

随机"检查机制。每日完工后，社区负责人、居民代表、设计负责人、施工负责人、项目监理针对当天遇到的施工难点、居民投诉点等问题及时反映，及时解决。

（五）后期管理方面

实行居民共治，保障长效管理。叶青苑根据自身小区规模较小、居民自理能力强等特点采用社区统筹管理模式，可充分发挥社区的主导地位，形成资源共用、成果共享。

通过全国首创的社区居委会、物业、小区业委会三方协同治理机制，由区、街道、社区三级"三方办"实体化运作。通过社区党组织引领，引导社区党员业主参选业委会，加强与业委会的沟通联系。

在操作层面上，一是建立实施小区居民公约、小区议事协商制度。深入推进"小区事、大家议"模式，例如，改造结束后一位小区居民在新铺设的路面上燃烧祭祀纸张，将一大片石板烧成了黑色，小区其他居民纷纷指责该行为，并上报给业委会，经过居民代表和业委会讨论后，对该居民进行罚款，用于对受损道路进行修复。二是实行建管同步。叶青苑老旧生活小区环境功能综合提升改造后，具备了物业公司入驻管理的条件，同时居民也有强烈的愿望。为了加强后期的长效管理，社区聘请了物业管理公司入驻管理，从设备的日常维护、绿化的日常养护、小区的安全保障、居民的便民需求、小区的停车管理等方面进行专业化管理，既能够有效巩固改造的成果，又能够进一步提升居民的获得感、幸福感和安全感。

三、项目亮点分析

1. 专业指导成立民间监理队，协调监督工程进展

叶青苑小区改造工程最大的亮点工作之一便是民间监理员队伍建设。在小区改造之初，小区党员、热心居民、业委会积极参与民意调查、入户走访、矛盾协调等，然而在改造过程中，居民虽然对自己生活空间的改造十分关心，但对工程类项目不太了解，怕施工过程有不细致的地方，监理监察难以顾及。街道在了解这些情况之后，决定通过招募优秀党员、热心居民，在小区内建立一支民间监理员队伍，并邀请专业监理员根据小区改造内容，有针对性地对民间监理员进行培训，让他们能够从看、量、摸、敲四方面直观地对施工质量进行监督检查。

当然，民间监理员不光是进行监督工作，也成为居民和施工人员的沟通桥梁。在多次沟通中，民间监理员和施工人员建立了良好的关系，施工人员也更加用心地对待每一道工序，同时小区居民也十分认可民间监理员，有问题都会找他们。在民间监理员的协助下，之前反对的居民也都转变了想法，小区的问题很快在内部解决，整个改造过程形成了和谐、共建、协商、自理的良好氛围。

2. 充分发挥EPC优势，统筹协调各方需求

叶青苑老旧小区综合改造提升工程采用EPC总承包模式，由设计单位牵头，充分发挥设计优势，按照"及时响应、及时调整、及时回访"和"细心调查、用心谋划、精心设计、暖心服务"的"三及时四用心"要求，从方案设计、材料采购、施工管理、质量控制、后期维护等全过程参与项目，解决居民的实际需求，统筹协调各方的关系，有效保证了设计效果的落地。

叶青苑老旧小区改造工程中，施工质量管理采用精细化管理模式，施工现场按照"提前交底、提前放样、提前告知"和"规范施工工艺、规范员工言行、规范材料品牌、规范安全文明"的"三提前四规范"的要求，严格施工质量，严控安全文明施工，减少对居民生活影响，工程质量得到了保证，赢得了居民的高度支持和认可，更提升了居民对旧改工作的参与度和认可度。

3. 利用数字化平台，实时响应居民问题

小区改造还结合"米市巷街道基层民主协商铃"议事平台，打造"互联网＋共建共治共享"模式。在改造过程中，居民有任何问题都可以在手机小程序中直接反映，社区终端会立刻响应，当值社工会根据具体问题联系相关人员及时为居民解决，并记录解决方案和协商结果，居民可以对服务进行评价。做到线上问题、线下解决，真正实现"一点我就灵"。

改造前后效果对比见图6-21～图6-26。

图6-21 建筑改造前　　　　　　　　　图6-22 建筑改造后

图6-23 宅间空间改造前

图6-24 宅间空间改造后

图6-25 公共空间改造前

图6-26 公共空间改造后

第四节 杭州市余杭区五常街道浙江油田留下小区改造工程

一、项目概况

浙江油田留下小区位于杭州市余杭区天目山路550号，小区最早始建于20世纪90年代，共有7幢楼房，其中机关宿舍共1幢住宅，22户居民；浙江油田留下小区共6幢住宅，288户居民。油田留下小区原为中石油浙江石油勘探处的福利分房，机关宿舍为五常街道的配套宿舍。

在了解中，改造前的小区存在如下问题：

（1）小区屋顶屋面普遍渗漏，楼梯踏面破损；

（2）雨污管道不畅；

（3）缺少休憩活动场地。

油田留下小区2020年被列入五常街道第一批老旧小区综合改造提升工程项目，经泛城设计股份有限公司设计，"三上三下"征求居民意见后，由相关建设公司进场施工，对屋面、楼道、路面、绿化、零直排、智慧安防等项目进行了施工改造。

二、项目实施方案

（一）改造内容方面

在小区改造初期，通过与居民深入沟通，了解到小区原居民都是石油人，他们为祖国的石油事业奉献了一生，"铁人精神"深深地扎根在他们身上。因此，本次改造提出以"忆往昔，燃情岁月，看今朝，福满油田"为主题。"忆往昔，燃情岁月"是把油田场景和石油精神的元素提取出来融入设计。"看今朝，福满油田"是对石油工作者的祝福以及对居民经过老旧小区改造后幸福生活的美好祝愿。

机关宿舍为五常街道的配套宿舍，五常街道有以"从群众中来，到群众中去"为核心的"五九精神"，以及非物质文化遗产"十八般武艺"，通过元素提取运用到建筑及景观上，使居民能感受到浓浓的五常文化氛围。

浙江油田留下小区综合改造提升项目主要从基础设施类、完善小区环境类和提升服务功能类三个方面进行改造。

1. 基础设施类改造

基础设施类改造重点包括消防设施改造、安防设施改造、建筑外立面渗漏维修及外墙饰面翻新、屋面漏水修复、建筑智能化、小区内部道路整治提升、停车泊位挖潜、雨污水分流、小区适老设施等方面。

在完善消防设施中，本次改造重新规划和疏通消防通道，保证消防救援车能够覆盖到每一栋楼，楼道增设灭火器、应急照明、疏散指示标志。

2. 完善小区环境类改造

该类改造主要涉及违章及私搭乱建拆除、围墙提升、加装电梯、单元入口改造、室内外照明系统升级、适老和适幼设施改造、设备设施用房改造、休闲与健身设施及场所改造、智能信报箱加设、绿化提升、停车序化及挖潜、新能源车位推广、非机动车充电改造、小区特色文化挖掘、党建风采呈现等。本次改造特别利用闲置空间打造了儿童乐园。多彩的福字造型既可以作为儿童钻爬的孔洞，也作为场地隔断，并以多彩塑胶铺地，将其打造成儿童嬉戏玩乐的万"福"园、休闲与健身设施及场所。

3. 提升服务功能类改造

该类改造主要涉及养老服务用房、社区服务用房、老年助餐点建设等。

（1）多方联动挖潜存量资源，在街道和社区指导下，回收原对外出租的配套服务用房，引进专业团队多方协力，系统筹划、共同制定配套用房的综合利用方案。

（2）采用城市再规划的理念，多角度探索服务用房的片区共享实施方案。尽量增大养老、助餐点的受益人群半径，使资源共享片区统筹机制得以实现。

（二）群众参与方面

改造前，社区设置网格长，负责沟通对接，收集居民意见，定时开展圆桌座谈会；同时社区组织居民成立委会，由热心居民代表组成，协助网格长开展居民民意收集工作，他们也成为居民民意输出的第一道口子。

与此同时，油田小区的热心居民代表从最初的方案阶段就开始介入，在工程进入施工阶段后，更是自发成立质量监督小组、安全文明施工小组以及居民矛盾协调小组，对工程顺利推进提供了极大的助力，真正实现了居民全程参与。

居民工作具体实施内容包括：

（1）通过"三上三下"机制，即"汇总居民需求、形成改造清单，居民勾选内容、安排实施项目，邀请居民代表、编制设计方案"，征求民意，让居民参与到旧改工作。

（2）通过网格长、定时开展的圆桌座谈会和由热心居民代表组织成立的业委会反映问题、提出意见，参与旧改工作。

（3）建立业委会质量监督小组、安全文明施工小组和居民矛盾协调小组参与监督和推进工程施工。

（4）举办居民议事大会，向辖区全体居民代表进行改造项目报告，让居民详细了解项目内容。

（三）资金筹措方面

按照"谁受益、谁出资"的原则，积极推动居民出资参与改造，本次改造通过直接出资住宅专项维修资金和居民自筹等方式参与居民诉求比较高的改造项。资金筹措具体内容包括：

（1）鼓励企业参与共建，社会企业向油田机关宿舍捐赠一台电梯设备。

（2）支持小区居民提取住房公积金用于加装电梯等自主用房改造。

（3）鼓励居民自筹资金更换或修复破损较严重的小区局部住宅外窗。

（4）加大产权单位的出资力度，包括水务、电力、通信等产权单位参与改造的实施力度，减轻主体改造资金的压力。

（四）推进机制方面

五常街道高度重视老旧小区的改造工作，将本项目列入"五常街道2020年十大民生实事项目库"。在首届居民议事大会上，该项目还作为政府工作报告内容由街道办事处向辖区全体居民代表进行报告。根据上级党委、政府要求，街道党工委、办事处始终把老旧小区改造工作作为民生"关键小事"来抓，书记、主任多次带队实地踏勘现场，详细了解项目进度，召开现场会议解决相关问题。

为确保老旧小区改造工程不折不扣地落到实处，街道、社区、居民代表组成的工作小组对项目进行全过程推进和监督，严把项目工程关、质量关、安全关，打造老旧小区改造精品工程。改造过程聚焦民情民意，着力发现和解决改造过程中居民关注的重点、难点问题，通过座谈、走访、发布公告等多种形式，有效化解各种矛盾纠纷，做好群众工作，护航改造工程顺利推进。

（五）后期长效管理方面

五常街道发挥建管同步优势，完善长效管理机制，体现了政府工作"服务性"。街道、社区、业委会三方联动，百分百民意推进项目顺利实施。

五常街道以党建统领、三方协商为治理法宝，做好长效管理工作。紧密围绕党委领导这一核心，定期由老旧小区属地社区召开民主议事会议，召集小区业委会、物业公司了解小区管理动态，根据问题导向分析根源，经社区联动街道职能部门，有力指导和解决相关问题矛盾，形成小事不出社区、大事不出街道的良好氛围。

街道、社区两级均成立治理中心，加强小区物业管理工作，并对物业经理设置KPI考核。根据物业经理所管理的物业项目得分情况，按考核比例形成物业经理个人积分，年终则根据考核细则，对小区物业经理予以奖励，激励其完善小区管理。

此外，街道构建和谐美好的社区环境，强化务实高效的社区治理，建立多部门联动机制。

（1）建立党建引领机制，街道联合社区、地下管网公司、项目总包单位、物业公司、居民等各方合力成立"项目党支部"。

（2）部署项目整体实施计划，有效推进强电、弱电、水务等产权单位的实施改造工程。

（3）成立街道旧改专班，加强工程管理、协调、沟通、宣传的力度。

（4）配合住房和城乡建设、公安、消防、城管等各项政策、标准有效落地实施。

三、项目亮点分析

1. 建立广泛的民主协商机制

本次旧改工程中，最重要的就是广泛听取居民意见与建议，因为他们长期居住在这个小区，了解这个小区的一草一木，旧改中受益最大的也是小区内的居民，因此，旧改过程中听取与尊重居民内心的呼声尤为重要。

在民主协商机制下，社区挑选网格长，组建业委会，保证居民全程参与旧改工作。当然，民主协商机制不是一味地盲从居民的要求，而是广泛听取居民意见，通过民主协商，以最优的途径与方法惠之于民。

2. 存量资源的合理利用和资源共享

充分利用小区内的优势资源，全面优化利用老旧小区的存量资源，合理拓展改造实施单元，推进相邻小区及周边地区的资源共享，推进各类共有房屋统筹使用。

小区内原存一幢公共建筑，原为油田集团产业，油田小区移交街道社区后，这幢二层的公共建筑闲置许久，此次改造将它从外在形象到内部功能重新统筹规划，外立面与小区整体色彩融合，内部清理装修后改造为社区配套用房，主要功能是阳光老人家、老年助餐点、日间照料中心，同时一部分划归物业用房使用功能。设置的老年助餐点，不仅对小区内的老人开放，周边社区的老人也可以来这里进行用餐，实惠又营养的老年套餐吸引了周边几个社区的老人前来用餐，这就是对小区存量资源的合理利用，也是推进相邻小区及周边地区的资源共享。

改造前后效果对比见图6-27～图6-32。

图6-27　院墙改造

图6-28　加装电梯

（a）改造前

（b）改造后

图6-29　单元门头

（a）改造前

（b）改造后

图6-30　儿童活动

（a）改造前

（b）改造后

图6-31　夜光跑道

（a）改造前

（b）改造后

图6-32　特色座椅

第五节 舟山市东港街道莲花公寓老旧小区综合整治提升工程

一、项目概况

莲花公寓地处舟山市东港街道，属于东港第一个房地产项目，总建筑面积约16万m²，1995年建成，居住着2836户居民。

小区改造前，面临如下问题：

（1）小区的房屋结构老化、外墙老化、屋顶漏水；

（2）道路窄、通行难、停车难；

（3）安防缺失，出入无序；

（4）无物业管理，无业委会管理。

该项目成为舟山市普陀区修缮实践样板点。

二、项目实施方案

（一）改造内容方面

莲花公寓综合修缮工程全面正式开工，"一致"成了小区修缮改造的核心关键词。除了墙体外立面的色彩一致、色调一致，"统一雨棚、统一晾衣架、统一空调外机支架、统一天井"的"四统一"，成了小区综合改造的一大亮点。

原先小区的球门型衣架较多，空调外机支架、防盗窗的位置不统一、样式也是多种多样，安装也不规范。外面看上去，小区的外立面杂乱无章，不仅影响美观，也存在较大的安全隐患。此次改造统一了样式，在统一位置，按照统一的施工工艺进行了统一的安装。

莲花公寓老旧小区综合改造提升项目主要从基础设施类、完善环境类和提升服务功能类三个方面进行改造。

1. 基础设施类改造

基础设施类改造重点包含建筑外立面渗漏维修、外墙饰面翻新、局部屋面漏水修复、小区内部道路整治提升、雨污分流改造、管线敷设、消防设施改善、安防改善等。

2. 完善环境类改造

主要涉及违章和私搭乱建拆除及乱建、绿化提升、室内外照明系统改善、适老和适幼设施增设、休闲与健身设施及场所改善、停车管理序化及车位挖潜、非机动车充电改造、小区特色文化挖掘、党建风采呈现等。

墙体外立面和小区环境方面：管线敷设、绿化带整改、停车位划设、智能电动车充电桩的安装等。

3. 提升服务功能类改造

引入专业化物业管理。

（二）群众参与方面

为畅通与居民沟通，东港街道携手社区共同搭建了沟通议事平台——"社区公共会客厅"，主动了解广大居民的诉求，发动居民积极参与改造方案制定、配合施工、参与监督和后续管理、评价和反馈改造效果等。旧改过程中，共收集有效建议约200条，该平台很好地汇集了民意、促进了旧改。

社区按照"开放空间"议事程序，坚持以居民需求为中心，采用"听、看、查、谈、访、议"形式，组织居民讨论"城市角落提升""封闭式管理""垃圾分类"等议题，更好实现了小区居民自治。

（三）资金筹措方面

国有资本配套，多方落实改造资金。按照共建共享原则，区旧改办通过区级融资平台，筹集资金约1600万元。

同时，街道及实施单位按1∶1配套出资，采用分期拨款方式，切实将3000多万改造资金落实到位。

为解决小区内一直无管道燃气的问题，通过多部门协调，最终达成"居民承担一部分、街道补助一部分、燃气公司让利一部分"的出资模式，居民承担改造费1200元/户，街道出资52万元，燃气公司让利27.5万元，终于顺利引入了燃气管网。

（四）推进机制方面

在区旧改办具体指导下，东港街道旧改工作组委托专业设计单位，根据莲花公寓小区特点及居民诉求，进行方案设计。方案初稿形成后，设计单位牵头召开会议，邀请小区业委会和居民代表参加讨论，征询修改意见。之后，设计单位将修改充实后的方案效果图和改造内容张贴在小区醒目处，广泛征求居民意见。由此，该项目达到了街道组织设计师、工程师指导居民有效参与改造的效果。

管理。因街道一级普遍缺乏熟悉工程管理的专业人员，普陀区从实际出发，对小区旧改统一采用工程代建管理模式，以保障旧改工程顺利实施的质量要求。通过购买第三方服务方式，将旧改项目按片区打包，委托给两家具有丰富管理经验的企业负责全程管理。

莲花公寓旧改工作开始后，负责企业在小区内配有多名专业人员，全面负责工程现场的质量、安全和进度。质安监部门则参与全过程监督。

（五）后期长效管理方面

莲花公寓采取业委会自治管理方式，小区根据业主的实际需求，自行添置公共设施设备、服务人员。小区内的卫生保洁，委托于环卫公司负责，垃圾清运一天3次；绿化养护工作，整体打包给绿化工，由专人定期负责养护；公共设施设备，已基本完成维修改造，落实具体管理。为提升片区安全，还在各出入口安装了摄像头，并与公安系统相连，结合序化员动态巡查，实现小区治安常态管理全覆盖。

2020年底，莲花公寓引入专业物业管理，小区管理得到提升，小区内也有了24小时全天候轮流值班的门卫。

三、项目亮点分析

1. 党建引领，形成完善的监督管理机制

东港街道结合旧改，在片区中较大的安居新村成立了业委会及兼合式党支部。其余4个小区，联合成立一个兼合式党支部。兼合式党支部及业委会配合社区，负责对小区的日常管理。由此，形成了以党建引领，物业公司、小区业主委员会和业委会监督委、业主代表等多方共担机制，共同维护改造成果，监督旧改工作和长效化管理，给小区带来了舒适便捷的居住环境，切实提升了生活品质。

2. 引入社会资本，实现共赢

为提升莲花公寓管理智能化，小区在公共区域安装车辆识别道闸4个，封闭式电子门9个，还引进第三方公司安装了57套智慧楼宇门。相关费用，由政府和第三方公司各承担50%，合计50多万元。与此同时，小区将楼宇门上的广告位10年经营权，转让给第三方公司，实现了共赢。多方得益，受到社区居民普遍欢迎。

同时引导业主出资，积极参与小区改造。如楼道墙面的粉刷费用，采用一楼由政府出资，二楼以上由居民和政府按1：1分担。

改造前后效果对比见图6-33～图6-36。

图6-33　雨污分流改造前　　　　　　　图6-34　雨污分流改造后

图6-35　建筑立面改造前　　　　　　　图6-36　建筑立面改造后

第六节　杭州市拱墅区大关街道南苑社区南八苑小区改造工程

一、项目概况

大关街道南苑社区南八苑小区位于杭州古运河上塘河畔。它东起上塘河，西连香积社区，南接胜利河，北抵香积寺路。该小区于1998年交付入住，总建筑面积为34673.05m²；总用地面积15855.6m²（合23.8亩）。居民住宅10幢，公建3幢，现有住户472户，39个单元，人口约为1075人，小区党支部在册党员43人，配备小区专员、网格员各1名。居住人口以儿童和老人居多，老年人人口占比为35.2%，儿童占比为15.8%。

小区改造前存在如下问题：

（1）小区基础设施陈旧，配套服务缺失，整体环境较差；

（2）适老和适幼设施缺乏；

（3）公共活动区域缺失；

（4）停车位不足，停车难度大。

该项目列入2019年城镇老旧小区改造计划，通过这次老旧小区改造，小区整体面貌都得到了显著提升，无论是公共景观部分、文化建设部分，还是住宅建筑内外都有了明显的变化，使得小区面貌焕然一新，居民幸福感显著提升。

二、项目实施方案

（一）改造内容方面

南八苑老旧小区改造立足老旧小区面临的现实问题，结合实际，以解决居民生活中的难点、痛点、苦点为导向，消除居民生活中的槽点、恶点、弃点为基础，提升居民生活中的笑点、乐点、需点为导向。以"完善基础设施、优化居住环境、提升服务功能、打造小区特色"为宗旨，主要从基础类、完善类、提升类三大类着手改造。

1. 基础类改造

主要包括屋面修缮、建筑悬挂物处理、建筑强弱电设施整治、住宅消防设施、建筑雨污管线、雨污管网、公共消防设施、道路整治、架空管线整治、室外照明系统、公共整治私搭乱建、居民集中活动场地、建筑外立面渗漏修补、单元楼道整修、防雷设施、楼道公共区域照明系统、楼道整治私搭乱建、停车设施、垃圾分类收集设施、安防设施、绿化改造提升、公共区域无障碍设施、适老性改造、围墙规范整治。

2. 完善类改造

主要包括屋面美化整治、多层住宅屋顶平改坡修缮、单元防盗门及门禁、节能改造、充电设施、健身运动设施、小区出入口形象提升、公共文化设施、快递设施、公共服务设施。

3. 提升类改造

主要涉及党群驿站、中心公园和口袋公园等设施的建设工作。

建设多功能综合性公园，通过利用前期荒废绿化空间打造了一个集晾晒、儿童活动、青年健身交流、老年活动等功能于一体的室外公共空间。

建设口袋公园，通过利用前期荒废绿化空间打造一个专属老年人的棋艺休闲空间。

设立党群驿站，改变原有公用室内空间的布局和结构，植入新型符合当下需求的新功能空间。

打造小区社团文化空间，改造原有废弃公共空间，重新设计和装潢，使其成为非遗文化社团交流的公共场所。

提升小区文化层面，包含三聚五邻的新概念、党群文化的新解释、拱墅老生活场景的新还原。通过对硬场景和软文化的双层改造，使得老旧小区从真正意义上焕发新的活力。

（二）群众参与方面

在改造过程中以街道牵头成立旧改专班，建立了社区书记和主任牵头的社区工作小组，全过程以"居民"为中心，方案设计阶段做到"四问四权、三上三下"，充分听取民意，居民同意率达99%。整个老旧小区改造过程中，党员、自管会、民生议事成员都积极参与，真正实现聚心、聚力、聚才的居民自治局面。

（三）资金筹措方面

按照"谁受益、谁出资"的原则，积极推动居民出资参与改造，涉及居民自身私有部分损坏（建筑窗户、雨棚、保笼、晾衣架、空调机架等）的情况，结合居民自身改造意愿，按照国家出资一部分、居民自身出资一部分去解决实际需求。

（四）推进机制方面

在旧改工作推进过程中，街道首先是建立了旧改专班，引导把控整个旧改工程大的方向。

EPC总包单位协调整个项目的工程进度、质量、安全等，设计、施工、监理三方共同推进整个项目的具体效果和实施内容。

社区建立了社区书记和主任牵头的社区工作小组，协调处理整个工程中的居民需求和工作。

居民自发成立民生议事委员会、居民自管会等机构，负责反映居民需要解决的问题和想法，监督整个工程的进度、质量和效果等。

四方共同携手推进整个项目。建立居民参与建设的微信群、意见收集箱、建材展示台、进度计划公示表等，真正实现聚心、聚力、聚才的居民自治局面。

（五）后期长效管理方面

"老旧小区改造三分建，七分管"。大关南八苑小区改造完工只是第一步，为维护好改造成果，推动实现小区的自我运行、自我管理，让小区的干净整洁成为常态，逐步建立起小区的管理长效机制，做好后期管理，同时积极探索建立社区、物业单位、自管会"三位一体"的管理模式。伴随着居民居住环境的改善，市民素质也得到提升，越来越多的市民开始珍惜和自觉维护改造后的优美环境。

三、项目亮点分析

1. 推动居民积极参与，保证旧改顺利进行

在项目开始之初，设计过程中三次不同的入户调查，与居民深入沟通设计方案的可行性。

设计方案完成之后露天摆摊宣讲方案，与居民代表召开圆桌会议讨论，入户宣讲设计细节。

工程施工之初成立居民自管委员会、民生议事委员会等居民自治监督机构。从头至尾、从始至终让居民以主人翁的姿态参与到旧改工作中去。

2. 发扬并传承原有文化，提升社区形象

南八苑小区在改造之前有着浓厚的党建文化和睦邻文化，小区原有的党建文化小品在设计过程中保留了下来，对其进行翻新之后重新挑选位置焕发出了新的活力。

原本的睦邻文化在这次实际改造中也进行了新的发散，延展出"三聚五邻"的新概念，在设计中也进行了相应的文化落地。这些改变也成了此次南八苑新的文化名片。

改造前后效果对比见图6-37～图6-42。

图6-37　儿童活动区改造前　　　　　图6-38　儿童活动区改造后

图6-39 入口形象改造前

图6-40 入口形象改造后

图6-41 景观墙改造前

图6-42 景观墙改造后

第七节 新昌县南明街道鼓山新村老旧小区综合整治提升工程

一、项目概况

鼓山新村地处南明街道，总建筑面积约3.59万m²，总用地面积24400m²，建成于20世纪90年代，共16幢建筑，小区住户366户。

实地考察发现，新昌县鼓山社区及周边片区存在如下问题：

（1）小区内部道路狭小，机动车乱停乱放现象普遍，影响小区消防安全；

（2）小区建筑屋面和立面渗漏情况普遍，建筑公共楼道墙顶面油漆脱落严重；

（3）建筑外墙管线杂乱；

（4）安防设备陈旧老化；

（5）小区居民休息场所及娱乐设施缺失。

二、项目实施方案

（一）改造内容方面

改造前期，安排设计人员常驻小区，开展房屋结构、消防安全、停车位配比、基础设施、居民年龄构成等调研，在此基础上拟定改造内容和改造方案。根据居民需求，重点对建筑立面、消防安保、绿化改造、适老化及无障碍设施不足、垃圾分类改造、管线整治、充电设施等短板进行补齐。

鼓山新村老旧小区综合改造提升项目主要从基础设施类、完善小区环境类和提升服务功能类三个方面进行改造。

1. 基础设施类改造

主要包含建筑外立面修补、楼道修整、屋面修缮、安防设施改造、消防设施改造、道路整治、雨污分离改造、排水设施提升、供电管线整治、强弱电整治等改造内容。

本次改造通过拓宽小区道路，打通小区生命通道，新建小区消防微型站，消除了消防隐患；通过改造和提升小区排水设施，全面实行雨污分流。

2. 完善小区环境类改造

主要涉及违章和私搭乱建拆除、室内外照明系统改善、电梯和智能信报箱加装、绿化提档、停车序化管理和挖潜改善、新能源车位推广等内容。

3. 提升服务功能类改造

从原有无物业、无管理状态，引进了由社区牵头的物业管理机制，并明确了绿化养护标准，纳入综合执法"智慧城管"日常巡查范畴等长效管养机制。

（二）群众参与方面

（1）居民主动提出旧改意见。居民通过街道社区和第三方机构的现场走访、问卷调查、居民座谈、专家论证等方式表达改造意愿、改造需求等方面意见，最终新昌县鼓山片区同意改造率为91%，并在拟改方案公示期间积极发表自身看法，推动设计方案的完善。

（2）居民积极成立社区业委会。新昌县鼓山片区居民在社区内党员的模范带头作用下组织成立业委会。业委会由优秀党员以及热心居民代表组成，主要负责协助网格长开展居民民意收集工作，带动了居民参与小区建设的力度。

（三）推进机制方面

（1）健全从方案到施工的各项机制。推行全过程工程咨询，优选设计、施工、监理单位；简化项目审批流程，制定老旧小区改造提升工程质量安全、文明施工管理办法，加强对施工扬尘、噪声等方面的管控；加大现场检查和随机抽查力度，严格执法，确保工程质量和施工安全，减少给周边居民带来的不便和影响。

（2）建立实行改造现场办公制度。设置现场办公场所，定期和不定期召开周例会、协调会，对改造过程中出现的问题基本实现了日事日结的目标，极大地减少了改造阻力。

（四）后期长效管理方面

（1）落实物业管理主体，出台配套制度。新昌县鼓山片区引入专业物业公司予以管理，并实现老旧小区物业管理全覆盖，细化管理职责，积极推进未来社区的建设。

（2）完善监管共治共享，坚持党建引领。新昌县鼓山片区充分整合辖区单位和资源，一边发挥政府职能，一边吸引相关部门力量加入社区管理，打通社区治理的"最后一公里"，形成了政府及相关职能部门齐抓共管的物业管理工作大格局，进一步提升了住宅小区物业管理水平。

三、项目亮点分析

1. 创新工作形式，提升改造效果

本次改造破除传统改造思维，秉持"共同缔造"理念，创新群众"点单式"改造，将尊重民意作为前提条件，挨家挨户上门走访，召开意见征求会，制定改造项目"菜单"，引导群众按需"点单"，并根据最终下单数量制定小区改造"个性化方案"。

2. 强化督导巡查，确保工程质量

本次改造推行全过程工程咨询，优选设计、施工、监理单位；简化项目审批流程，制定老旧小区改造提升工程质量安全、文明施工管理办法，加强对施工扬尘、噪声等方面的管控；加大现场检查和随机抽查力度，严格执法，确保工程质量和施工安全，减少给周边居民带来的不便和影响。

3. 细化工作职责，力排改造阻力

本次改造成立老旧小区改造提升领导小组，由县长任组长，分管副县长任副

组长，县级相关部门主要领导为成员。明确各部门职责，综合执法局指导老旧小区治违拆乱整治工作，属地街道负责辖区内老旧小区相关事务的政策处理，建设局负责指导老旧小区改造工程质量安全管理等，华数、电信、移动、联通负责通信线缆整治工作。同时实行现场办公制度，设置现场办公场所，定期和不定期召开周例会、协调会，对改造过程中出现的问题基本实现了日事日结的目标，极大地减少了改造阻力。

4. 健全物业管理，引导长效管养

以基层党建为引领，推进小区治理现代化，实现老旧小区物业管理全覆盖，强化住宅小区物业管理各方主体落实，出台配套制度，明确责任主体，细化管理职责，建立"统一领导、综合协调、横向到边、纵向到底"的物业管理体制，形成政府及相关职能部门齐抓共管的物业管理工作大格局，推动物业管理规范化、标准化、专业化和人性化，进一步提升住宅小区物业管理水平，制定日常管养办法，明确养护标准，扩大"智慧城管"覆盖面，强化日常巡查执法，构建"一次改造，长期保持"的管理机制，确保管养常态化、制度化。

改造前后效果对比见图6-43～图6-48。

图6-43 立面翻新改造前

图6-44 立面翻新改造后

图6-45 宅间绿化改造前

图6-46 宅间绿化改造后

图6-47　垃圾分类改造前

图6-48　垃圾分类改造后

第八节　杭州市拱墅区祥符街道勤丰小区改造工程

一、项目概况

拱墅区祥符街道勤丰小区建成于1999年，小区位于拱墅区祥符街道登云路306号，北至中交财富大厦，南靠登云路，西临融创宜和园，东至莫干山路。本次改造共涉及10栋住宅建筑，16栋配套，总用地面积16331.9m²，总建筑面积28099.02m²，共计474户，常住人口约1100人，其中老年人约占30%。

通过实地勘察，改造前的小区存在如下问题：

（1）楼道陈旧，房屋破损渗漏；

（2）市政管网不畅，管线杂乱无序；

（3）消防设施缺失，消防通道堵塞；

（4）绿化破坏严重，安防措施缺失。

二、项目实施方案

（一）改造内容方面

勤丰小区大部分的住宅是铁路的福利房，原居民主要来自杭州铁路分局，这里居住的大部分老人都是将青春奉献给祖国铁路事业的铁路人，铁路是他们最为熟悉和亲切的，设计师通过引入铁路元素，来强化原居民的职业背景，唤起居民对他们曾经或现在岗位的共鸣。以此为依托，用"时代轨迹，一往开来"为设计理念，通过将高铁形象与传统花格窗相结合，抽象出建筑的装饰元素，并将这些元素应用于这次改造提升工程中。勤丰小区主要从基础类、完善类、提升类三大类着手改造。

1. 基础类改造

该项改造主要涉及消防设施、安防设施、建筑外立面修补、道路整治、垃圾分类及环卫设施、楼道修整、屋面修缮、雨污分流及排水设施提升、管线"上改下"、强弱电整治、无障碍设施改造等内容。

2. 完善类改造

该项改造包括私搭乱建整治、绿化改造、室内外照明系统改造、适老设施改造、适幼设施改造、停车挖潜及序化、新能源车位改造、非机动车充电改造、休闲与健身设施及场所改造、小区特色文化挖掘、围墙提升、智能信报箱等。

3. 提升类改造

主要涉及老年活动中心及口袋公园建设等。具体改造措施如下：

（1）挖掘历史文化，打造特色小区

通过对小区铁路人挖掘，将设计元素应用在本次改造提升工程的造型和装饰设计中，如在小区出入口的流线型的主大门、次门、便门、单元门、院墙、非机动车库、雷锋亭、景墙等都采用了这一设计元素。

（2）解决居民的实际困难，提升居民的获得感

① 小区建筑屋顶为平改坡屋顶，根据现场调研，小区原有坡屋顶的木质梁架腐烂严重，老虎窗窗门基本破损成敞开状，原始屋顶积水长时间无法散去，使得下雨漏、天晴也漏，顶层居民深受其害。

为切实解决居民的需求，先将破损的坡屋顶拆除，再将原混凝土平屋面重新铺设防水层，再在其上重新做上新的坡屋顶，做到双重保障，彻底解决了居民的困难。

② 小区单元入口铁门锈蚀严重，门禁也多处破损，入口空间狭窄，形象差，信报箱外置，遇到雨天拿取很不方便。

③ 为改善入口的体验，解决居民的困难，重新对出入口进行规划设计，通过增设以铁路元素为主题的片墙门洞，使得单元入口形成一个过度空间，将信报箱植入空间的侧墙上，翻新铁门与门禁，解决了入口空间的狭小问题和信报箱拿取不便的问题，同时也提升了小区形象。

（3）优化小区环境与形象，提升居民的幸福感

勤丰小区被高端楼盘融创颐和园与中交财富大厦等现代建筑包围，由于年代久远建筑和环境的破旧杂乱尤为刺眼，也是勤丰居民心中的痛，提升小区形象是小区居民最为迫切的需求。

① 优化小区出入口，提升小区入口形象。设计以高铁流线型元素来打造小区主要出入口的大门，用现代的手法塑造出勤丰小区大门，同时通过安装人行和车行道闸来规范人与车的流线。重新设计和改造了原本破旧的次入口，优化了门禁、雨棚。

经过调查，居民一直要求在小区北侧设置一个应急门方便居民通行，在街道与社区的共同努力下，改造后的小区北侧安装了一处应急人行门，方便小区紧急情况下通行，也方便了居民的生活。并且三个出入口都安装了双向人脸识别来完善小区的安防系统。

② 改造小区建筑，提升小区建筑形象。改造前小区建筑立面装满了锈迹斑斑的凸保笼，保笼里面堆满了积满灰尘的杂物，甚至还有突出的鸽子笼；立面上破旧、烂掉的绿色雨棚，挂满了建筑立面；建筑一层原来的院墙围起来的院子，被居民用各种方式搭建成小房间用来出租，让人看起来这是一处被城市遗忘的角落。在街道、社区、居民的合力推动下，将原来的锈迹凸保笼改造成平保笼，拆除原来的破旧的雨棚，换上了全新的雨棚，并且为每户居民安装了晾衣架，将一层院子复原成初始的样子。并且将原来龟裂的外墙进行翻新，即解决了原来的渗水问题，也为小区换上了新装。

③ 改造小区景观，提升小区环境。小区原始植被杂乱，多处植被破坏严重，黄土裸露，并且缺少公共活动场地，只有一处破旧的亭子，还堆满了杂物。小区道路补丁盖着补丁高低不平，路面无序地停满了车，交通极其不畅。

本次重新改造绿化，补齐低层植被，增设多色的中层灌木植被，修剪原本遮挡采光树木，使得绿化焕然一新。并且在小区的西北侧改造出一处全龄活动场地，以铁路元素为背景的小孩、大人、老人都愿玩的活动场地。对道路进行白改黑翻新，路面重新标示划线，并且序化车位，并且增设新能源车位、无障碍车位、助力车位等，满足各类居民的停车需求。

（4）完善消防与安防设施，提升居民的安全感

重新梳理出满足消防要求的消防流线，并且路面标示出消防道路禁止停车的标示；重新规范化放置楼道灭火器，安装消防应急灯与照明灯。并且在小区消火栓旁配上了消防器材箱。

重新整理小区的安防系统，完善了周界监控，补齐了小区内部的摄像头，并且小区出入口都配置双向人脸识别摄像头。使得小区达到真正的监控无死角。由此为居民安居乐业保驾护航，真正提升居民的安全感。本次改造还包括强弱电改造，雨污管道提升、老年活动室改造、非机动车车库统一修缮等内容，美化了环境、也提升服务。

（二）群众参与方面

勤丰社区响应区委、区政府、祥符街道的要求，成立旧改工作专班，于2019年7月、9月分别完成两次走访上门征集居民意见工作，得到居民78%、75% 的同意，并在9月顺利完成"三上三下"工作。

专班工作办公室设立在小区门口，以专班人员为核心，施工方、设计方专业人员为辅，专业解答居民的各种问题。专班成立之后，一直秉承着以居民为中心，利用走访入户、接待上门等方式，倾听着居民对于旧改工作的意见和建议。

（三）资金筹措方面

本次改造，资金筹措主要包括中央补助110.6万元，市级补助451.4万元，区级补助562万元，争取原产权单位铁路方面资金约421.48万元。

（四）推进机制方面

本次改造，建立了民情工作、一线工作、合力工作和倒逼工作四个机制。

为了更好地推进旧改工作，完成惠民工程，勤丰社区在成立旧改专班的同时，积极推动居民自治工作。在设计之初，社区就将居民代表、设计方、施工方等召集起来，主动倾听居民的建议。

街道相关负责人也主动探索，积极寻找勤丰小区特有的铁路文化，用简约大方、经济合适的设计，体现出优秀文化的号召力，赢得居民的强烈归属感。在拆除违章、破旧保笼工作时，街道主要负责人、社区专班人员带队走访入户，筛选甄别，对于部分意见较大的住户，制定更加具有针对性的入户方案。

同时，社区运用居民议事会作为沟通的有效桥梁，由居民主动参与质检、巡查、验收等工作，建立专业监督队伍，加强了旧改工作的施工安全和工程质量。

（五）后期长效管理方面

由于勤丰小区本属于老旧小区，没有专业物业，均由社区进行准物业管理。得益于旧改工作的实施，在走访调查居民建议、征得居民同意、公示等工作之后，由新南北物业公司进驻勤丰小区，提供暂时的专业物业服务。

同时，街道、社区也在不断地寻求符合小区实际情况、能够承担起专业工作的物业公司，并与居民不断沟通，通过专业、合规的方式，安排专业物业管理正式入驻小区，为勤丰小区提供服务，完善管理机制。

三、项目亮点分析

1. 采用EPC总承包模式，全程控制旧改项目

EPC总承包模式最大的优势便在于能够充分发挥设计在整个工程建设过程中的主导作用，有利于工程项目建设的整体方案不断优化。勤丰小区旧改工程初期设计团队充分征求民意，精心设计方案，最终通过层层审查顺利完成设计方案和施工图。推进过程中设计全程参与其中，保证方案的顺利实施，同时也遇到诸多隐蔽的现状问题，比如3栋2单元入口的片墙在基础开挖时，发现诸多管线穿过基础位置，无法施工。设计团队第一时间集合建筑、结构、水、电专业赶到现场解决遇到的难题，并且现场敲定方案，保证施工的顺利推进。

2. 成立居民议事会，建立群众共建机制

在勤丰小区旧改工程正式开展前夕，街道主要负责人、旧改专班听到了部分居民主动参与的呼声，经过专题会议讨论之后，街道提出了居民议事会的参与形式，通过建立健全动员群众共建机制，探索旧改项目群众参与新模式。街道、社区通过大量的资料查阅，学习借鉴原先旧改的工作经验，充分讨论之后得出一套属于勤丰小区的特别的议事会工作机制。

2020年4月底，勤丰小区居民议事会正式成立，由五位居民代表参与。他们主要负责监督施工安全，以及收集其他居民的意见。

居民议事会是架设在施工方与居民之间的桥梁，是居民参与共建的积极体现，更是旧改工作中的一种新模式，畅通和拓宽了群众参与提升改造的渠道，为勤丰小区旧改工作提供了居民参与的坚实力量。

3. 以居民职业背景为抓手，提升社区文化底蕴

勤丰小区起初70%的房屋，系铁路职工福利分房，由铁路职工居住，小区内拥有着一种特殊的铁路文化。在旧改设计之初，设计单位将铁路文化巧妙地融入提升改造工作中，不仅是小区门头借助了高铁造型，体现出铁路文化与新时代中国特色社会主义发展的相互结合，与时代高速发展相呼应，在非机动车库、宣传栏等点位，也通过特殊的材料，展现出独特的铁路文化，将存留在老底子当中的文化底蕴重新唤醒，带给居民别样的生活环境。

此外，区委区政府、祥符街道与铁路集团多次对接沟通，成功争取原产权单位铁路方面资金参与此次提升改造，也提升了居民的归属感。

改造前后效果对比见图6-49～图6-54。

（a）改造前

（b）改造后

图6-49　入口形象对比一

（a）改造前

（b）改造后

图6-50　入口形象对比二

（a）改造前

（b）改造后

图6-51　围墙美化对比

（a）改造前

（b）改造后

图6-52　单元门头对比

图6-53 景观亭对比　　图6-54 儿童活动场地对比

第九节　杭州市拱墅区米市巷街道左家新村改造工程

一、项目概况

　　左家新村建成于1998年，小区东至大运河，西至湖墅南路，南至夹城巷，北至古新河，总用地面积37204m²总建筑面积92560.1m²。本次改造涉及建筑27栋，其中住宅25栋，配套用房2栋，住户1379户，总人口3448人，其中残疾人8人（含视障5人），其中老年人1262人，老年人占比36.6%。

　　通过实地调查，发现改造前小区存在如下问题：

　　（1）基础设施陈旧，避雷设施损坏，安防设施不足；

　　（2）市政管网不畅，屋面、墙面渗漏现象和粉刷层脱落严重；

　　（3）楼道杂物堆积，小区随意停车，消防隐患突出；

　　（4）绿化损坏严重，影响居民晾晒和采光；

　　（5）小区配套的适老和适幼设施、文化设施缺失；

　　（6）缺乏专业物业管理。

二、项目实施方案

（一）改造内容方面

左家新村周边文化底蕴浓厚，小区特色非常明显，根据一小区一方案的设计标准可以深度挖掘。立足运河古迹文化、党建服务文化、左侯名人文化，以"崇贤尚礼，积善之家"为主题，硬件软件同步升级和多样化优质服务，构建一个集运河文化、名人文化、党建文化为一体的礼善家园，打造绿色生态、安全智慧、友邻关爱、党建引领、收支平衡的老旧小区综合改造样板。

对左家新村进行24个必改项和12个提升项的专属定制改造。

1. 基础类改造

该项改造主要涉及建筑外立面修补、消防设施、安防设施、道路整治、垃圾分类及环卫设施、楼道修整、屋面修缮、雨污分流及排水设施提升、管线"上改下"、强弱整治、无障碍建设等。

2. 完善类改造

该项改造主要涉及违章及私搭乱建拆除、围墙拆改、绿化提升、室内外照明系统改善、智能信报箱和电梯加装、适老和适幼设施增设、休闲与健身设施及场所改造、设备设施用房增加、停车序化管理及挖潜改善、新能源车位推广、非机动车充电改造、小区特色文化挖掘、党建风采呈现等。

3. 提升类改造

主要涉及养老服务及场所建设、托幼设施、社区服务、夹城文化公园和三处口袋公园建设等。

改造后的左家新村率先落实完整居住社区建设。

（1）建设绿色生态社区：建筑节能改造、景观空间及绿化提升、零直排工程、环卫设施、海绵城市、新增新能源充电桩、用于专业垃圾回收的环保小屋。

（2）建设友邻关爱社区：无障碍建设、残疾人助力车管理及停放、残障关爱及健身场所、邻里公共空间。

（3）建设安全智慧社区：社区治理一化三平台建设、应急救灾防控体系、智慧安防并网公安系统、房屋安全鉴定、消防提升、智慧用电安全监管。

（4）建设党建引领社区：夹城巷党群服务中心、党建文化墙、党建文化宣传栏等。

（5）建设收支平衡社区：引入社会力量设置绿城托育园、阳光老人家等。利用小区自身资源创收，对小区停车位和广告位实施收费管理。

（二）群众参与方面

米市巷街道设立旧改专班，成立了以社区书记和主任牵头的社区工作小组，全过程以"居民"为中心，方案设计阶段做到"四问四权、三上三下"，充分听取民意。

项目施工阶段成立了由热心居民参加的"居民质量监督小组"对工程质量进行全程监督。

同时对项目实施过程进行严格、安全、文明的施工管理，社区工作小组和EPC总承包单位坚持每日例会制度，不断调整和优化现场施工组织，最大限度地减少对居民日常生活的干扰。

（三）资金筹措方面

左家社区联合绿城教育将社区配套用房一层约180m²打造成托幼设施——绿城奇妙托育园，给小区幼儿一处集学习、娱乐、休闲的综合性场所。

引入第三方社会资本，将党群服务中心二层三层打造成阳光老人家。

（四）推进机制方面

街道、社区、业委会三方联动，百分百民意推进项目顺利实施。左家新村旧改项目启动之初，为了让旧改顺利实施，让居民住户都能满意，街道、社区联合业委会在小区内3次征求民意，党员代表和热心居民积极为街坊邻居们做好旧改的政策宣读解释，最终3次征求民意都100%通过。

搭建居民参与建设过程的平台，成立业委会监督小组。起到组织居民协调小组、倾听居民意见、采纳居民合理化建议、改造范围内的方案调整、组织居民参与监督等作用。

建立居民参与建设的微信群、意见收集箱、建材展示台、进度计划公示表等多方式参与。

（五）后期长效管理方面

在后期长效管理上，坚持"建管同步"，引入专业物业管理公司，制定更加细化的管理方案，同步做好后期的长效管理工作。

改造后，街道、社区、业委会三方联动，定期举办讨论会，由骨干党员带头组建监督团，在讨论会提出问题，居民齐心协力共建美好家园，让人人改得放心，人人住得舒心。

三、项目亮点分析

1. 发挥党建引领，强化居民自治

在拱墅住房和城乡建设局党委的强力指导下，街道联合社区、地下管网公司、项目总包单位、物业公司、居民等各方合力，把"支部建在旧改项目上"，做好三道"民心"加法题，助推党建引领凝聚人心、凝聚众智、凝聚合力，小区居民在旧改期间，各自发挥积极作用，推动旧改工作有序进行。左家第一党支部助力社区党委推深"1＋3＋5＋N"小区党建治理运行模式，助力打造"聚力夹城"党建品牌，组建"红管家联盟"，同心聚力破解老旧小区改造后的疑难杂症，改善小区环境差等问题。在左家新村拆违中，支部党员主动请缨做居民工作，多次上门劝说、协调，顺利拆除61处违章建筑；在楼道清理中，党员们自主划分责任田，分包到单元楼层，协助社工、物业敲门走访，动员群众自行清理楼道堆积物，使楼道面貌焕然一新。

2. 三方联动，实现长效管理

在小区居民强烈呼吁下，街道、社区、业委会联动，组建物业管理团队对小区进行长效管理。

同时，街道基于"线上+线下""技术+制度""网络+数据"等手段，探索建立一键式源头协商平台，创新开发"基层民主协商铃"微信小程序，有力促进基层治理精准化和便民服务智慧化，通过迅速响应，及时发现老旧小区居民痛点，实现快速响应，从源头化解矛盾。

3. 保留社区记忆，弘扬特色文化

左家新村在旧改中，挖掘历史人物"左侯"，设立"左侯亭"，改善后的左家新村构建出一个集"运河文化""左侯文化""党建文化"三种文化为一体的礼善之家。小区还增加了具有文化特色的入口门头、弘扬特色文化的左侯广场。

同时在旧改过程中保留居民原始记忆的樱花步道，确保旧改工程不抹除居民集体的美好记忆。

（1）"三上三下"：一上汇总居民需求，一下形成改造清单；二上居民勾选内容，二下安排实施项目；三上邀请协商代表，三下编制设计方案。在社区组织下，以展板展示、上门沟通、宣讲、协商会、布置宣传接待点等方式开展"三上三下"沟通工作。

（2）"四问四权"：问情于民，"改不改"让百姓定；问需于民，"改什么"让百姓选；问计于民，"怎么改"让百姓提；问绩于民，"改得好不好"让百姓

定。与居民沟通应是多维度的，要有统一的居民意见调查表、反馈表，以菜单形式给予居民选择，越是居民关心的问题越应该有全面的部署。

4．资金共担居民自筹

老旧小区改造，最终受益的是居民，改善了居民居住环境，提高了居民生活品质，按照"谁受益，谁出资"的原则，正确引导居民、产权单位积极主动参与小区改造提升，多方筹集资金。本次改造中既有住宅加装电梯，市区财政补贴20万元，剩余资金全部由居民自行承担。

改造前后对比效果见图6-55。

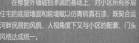

图6-55   改造前后对比图

第十节　宁波市文教街道双东坊小区老旧小区综合整治提升工程

一、项目概况

双东坊社区作为宁波市最早的拆迁安置小区之一，于1993年建成交付，总面积17.6万m²，其中绿化面积6.11万m²由4个小区组成。

该社区共有居民楼95幢，250个楼道，总户数3700多户，户籍人口6500余人，常住人口1万余人，外来人口和老年人口均占40%。从规模上看，这是江北区启动改造的老旧小区中体量最大的。

该社区改造前，存在如下问题：

（1）停车难度大，缺乏新能源充电桩配套；

（2）公共设施破损，公共活动区域缺乏；

（3）屋面漏水严重；

（4）小区整体环境脏乱，绿化缺失，道路破损。

二、项目实施方案

1. 改造内容方面

此次改造，主要在于双东坊社区居民意愿提升的居住品质、环境卫生、配套设施等方面，主要改造内容包括小区大门改造、屋面改造、楼道改造、三大主题公园改造、新增防盗门及门禁系统智能化改造、增设小区监控及智能化设备、交通优化改造、停车位序化与挖潜、电瓶车集中充电桩、绿化梳理、新增景观小品等。

双东坊老旧小区综合改造提升项目主要从基础设施类、完善小区环境类和提升服务功能类三个方面进行改造。

2. 群众参与方面

改造前，双东坊社区共召开协商会20余场，收集居民建议300余条，社区、街道、业委会、物业和施工单位成员还组建改造微信群，收集处理居民各类意见和问题，确保"事事有回音，件件有落实"。最终，形成4大类16个具体改造项目，居民同意率达86.2%。

施工阶段，社区邀请人大代表、政协委员和居民代表担任"质监员"，推荐社区内有威望且有工程建设相关知识的居民担任监督员，挂牌监督施工质量。

改造后期，社区还发起"人人参与老旧改"活动，由居民代表等进行查漏补缺，在居民代表的建议下，增补停车设施、完善老年人活动场所、新增休闲座椅等，做到"一次改到位"。

3. 资金筹措方面

国有企业出资，参与了本次双东坊社区的改造。如为解决小区电动汽车充电难，国网浙江电动汽车服务有限公司出资35万元，建设充电设施35个。华数、电信、移动等国有企业，则共同出资约31万元，用于线路规整和强弱电各类设施设备的改造等。

4. 推进机制方面

改造前，社区以党委为核心，成立"老旧小区改造工作小组"，社区党委还发动网格长、业委会、党员代表等，通过广场宣传、上门走访、驻点设摊等方式展示效果图，宣传改造菜单，收集业主呼声最为强烈、最迫切需要解决的问题。社区还利用定期召开的各类会议，充分听取居民对旧改的意见和建议，完善改造项目清单，使得方案贴近民心。

施工单位则派出专家驻点，全程辅导居民参与。并组织设计师、工程师与职能部门等全程参与，驻点办公，了解居民改造意愿和需求，有针对性地制定改造方案并进行宣讲，破解信息壁垒、利益多元化等难题。

施工阶段，社区每周一次召开监理例会。由各方讨论项目施工安排、技术难点等专业问题，确保项目有序进行，同时建立由各方参与的"文明安全施工监督队"，每周四开展专项检查，对施工质量、进度、安全、文明、廉政风险等进行全程监督，保证项目顺利推进。

5. 后期长效管理方面

改造后，双东坊社区强化了长效机制，由社区网格长、党员志愿者们组建"222"无死角巡逻队，通过"一周一巡查，一周一整改"方式，密集巡查时间次数，督促物业做好辖区内公共部位的环境整治。

基于居民需求，社区通过增强专业服务提升居民生活品质。一是打造品牌服务，对接养老服务中心、幼托中心、特色中医馆等，吸纳专业技术人士，增强服务队伍的专业性。二是定期展开健康义诊、尊老活动，开设品牌工作室等，实现社区治理"自上而下"与"自下而上"的互动，让居民更有获得感、幸福感。

三、项目亮点分析

搭建"邻里议事坊"协商平台。依托"党员会客厅"平台，建好社区党委与小区物业、业委会等的委员值班机制，在各网格轮流值班，收集民情民意，带领业主参与网格治理。搭建"邻里议事坊"平台，梳理居民的意见建议，激发居民建设新家园的热情。

建立"业联体"自治共治机制。双工坊小区由4个相对独立的小区合并而成，统一管理难度大。为此，社区搭建了"业联体"模式，完善社区、物业、业委会三方协同治理机制。还延揽法律、经济、建筑等方面的人才，组建了200余人的专家自管会队伍。还结合雨污分流、弱电上改下、垃圾分类、智慧安防等的改造，解决小区管理难题。

改造前后效果见图6-56～图6-63。

图6-56 小区入口改造前

图6-57 小区入口改造后

图6-58 活动场地改造前

图6-59 活动场地改造后

图6-60 道路改造前

图6-61 道路改造后

图6-62　停车序化改造前　　　　　图6-63　停车序化改造后

第十一节　杭州市拱墅区大关街道大关西苑连片老旧小区改造工程

一、项目概况

大关西苑片区北靠大关路，东接大关苑路，南至观苑路与上塘路，西接红建河，片区内小区始建于20世纪90年代，共包含6个小区，分别为大关西一社区的西三、西四、西五、西八和西二社区的西六、西七小区。共有68幢建筑，29.24m²，单元3900户居民。本次改造总投资13660万元，约每户投入3.5万元。

改造前的小区存在如下问题：

（1）小区年久失修，普遍存在屋顶、墙面渗漏；

（2）楼道入口破损；

（3）雨污管道不畅；

（4）缺少休憩活动场地、服务功能不完善。

大关街道大关西苑连片老旧小区改造工程作为大关街道2021年度民生实事工程之一，对满足人民美好生活需要、扩内需惠民生、推进未来城市建设具有重要意义。

二、项目实施方案

（一）改造内容方面

本次改造主要从基础设施类、完善需求类和提升服务功能类三个方面进行改造。

1. 基础设施类改造

全面序化公共区域，积极推动6个小区楼道强弱电扩容规整，实现弱电线路"三网合一"32000m，根治线路老化和飞线充电安全隐患。

全面规范消防设施，实施道路拓宽、停车位优化、消防标识规整三步走，拓宽小区道路37000m，保证"生命通道"畅通，增设火灾探测报警器、消防喷淋装置和微型消防站，修缮287个单元楼道，屋顶修漏补漏35250m²。全面整治地下室隔间，对西片37幢房屋、179个地下室、1258个隔间全部进行集中整治，对长期私自隔间、堆物进行清理腾退，对下地下室坡道进行改造，安装消防喷淋设施108套、智能充电设施1366个，彻底解决地下室消防隐患的问题。

2. 完善需求类改造

整合绿化空间，合理布局，增设口袋公园18个，打造杭州市首个评话主题公园，增设西二社区"八景五廊"长廊5个，改造新增小区休闲场所7处近124m²，新增休闲活动场地近1970m²。

补齐社区功能短板，优化小区布局，整合空间，增设道路停车位231个，缓解居民停车难问题；对小区内行车线路重新规划，打造交通"微循环"，缓解行车难问题。

更新统一小区门头设置，配强小区智慧安防体系，新增优化苑内八个出入口人行、车辆道闸等各项智慧安防设备16套，增设小区监控290个，保证小区安全无死角、全覆盖。提升小区环境品质。

挖掘民智，发挥加装电梯牵头人示范带动效应，引导居民自主出资加装电梯15台，带动连片效应，推动解决老旧小区居民上楼难问题。

3. 提升服务功能类改造

整合提升完善小区配套设施如百姓书场、百姓舞台、党群服务中心、西艺空间、阳光老人家等"一老一小"社区服务站、微型消防站、矛调中心等内在配套设施21项，挖掘纵向空间，引入民间资本1000万元打造全市首个老旧小区立体停车库，增加停车位180个，缓解居民停车难的问题。

坚持"基础到位、特色鲜明、群众满意"的原则，以西八苑百姓书场为核心，串联评话廊亭、评话廊道等场景，打造杭州市首个评话主题公园、西五苑"西艺文化空间"、西七苑"八景五廊"等。

重点改造提升居民住宅建筑和小区公共区域两部分要素，按照"寻味西三""安逸西四""颐养西五""乐活西六""畅通西七""传承西八"模式开展改造。即以西一社区"西艺"、西二社区"八景五廊"为中心，6个小区结合自身特点开展个性化改造。

西片老旧小区改造完成后共有21项配套（6个公园、2个学校、2个养老托幼中心、1个地面立体停车库、3个文化阵地、5个党建阵地、1个矛调中心、1个人大工作联络站）。

（二）群众参与方面

大关西苑改造充分调动了居民参与力量，在改造之初，针对设计方案，街道、社区和业委会三方联动召开征求会，以"居民"为中心，充分听取民意，在小区配置小区专员作为三方协同治理的基层推手，完善自管会圆桌议事法。

发挥基层党组织带头作用和基层党员先锋作用，由骨干老党员、民间监理、自管会成员、热心居民自发组建"旧改管家团"，主动向邻里主动宣讲，开放意见征集箱，收集居民意见，努力将好事办好、实事办实。

针对立体车库修建、移树迁改等进行专项的居民意见征求会和专家论证会。把主动权交给居民，由居民决定实施方案。

（三）资金筹措方面

本次改造引进社会资本落实资金共担，包括引入民间资本投入1000万元建设西苑立体车库，改善小区停车难的问题。

针对老年人、残疾人等特殊群体出行特点，加装电梯18台均由居民资金共担建设完成等。并制定《加装电梯文明使用公约》，在杭州市首创"15＋2"加梯全生命周期综合养老保险，为全市解决加装电梯后续维修保养和意外事故理赔等难题提供样板。

（四）推进机制方面

本次改造充分发挥党建引领，聚集民心。做好"聚心、聚力、聚智"三道"民心"加法题。

一是完善一套机制。搭实"锚"式组织架构，在小区配置小区专员作为三方协同治理的基层推手，完善自管会圆桌议事法，加快推进智慧物业管理服务平台试点落地，数字赋能优化小区微治理闭环体系。

二是建好一组阵地。用好新四军浙西分会、街道人大工委联络站、矛调中心等载体，努力把老旧小区改造这一"阶段性的改造工程"转变为"助推基层治理水平提升的社会工程"。

三是打造一支队伍。发挥骨干老党员、民间监理、自管会成员、热心居民的作用，组建"旧改管家团"，开展自发收集居民意见、监督改造项目进展、组织和协调居民矛盾等工作。

（五）后期长效管理方面

1. 选聘物业完善"专业管理"

大关西苑引入专业物业公司，针对老旧小区特点，对楼道保洁、工程维修、绿化养护、垃圾分类、停车管理等实现全方位管理。

2. 统筹经费实现"资金平衡"

小区通过统筹垃圾分类、绿化补贴等经费，优化停车和物业收费标准，鼓励物业推出居家维修、自营超市、广告营收等有偿服务，并试点推行物业提档费用标准，帮助物业公司实现微利经营、良性循环。

3. 强化绩效助推"多方共赢"

贯彻"幸福生活与美好环境共同缔造"理念，依托街道级物业服务绩效考核管理办法，引导居民参与小区管理。居民物业费收缴率达到89.24%，基本实现物业提质、社区减负、居民满意的多方共赢局面。

三、项目亮点分析

1. 实行全域规划整合片区资源，实现资源共享

本次改造，从城市更新和未来社区发展的维度对该片区进行全域统筹规划，打破小区之间的界限，重新定义片区规模，使之与片区资源相匹配，做到实现资源共享。

通过将6个居民小区与片区内的交通密路网、公共停车、市政配套和公共服务等整体策划，打通消防生命通道，形成了"二环三心多出口"的片区交通序化组织方式，既有效缓解了停车难问题，又保障了片区消防应急救援通道的畅通。

通过组团连片构建生活圈层。以构建十五分钟生活圈层为总纲，根据居民的实际需求，以问题为导向，统筹共享片区资源，将片区内分散的邻里空间、社区配套设施、公共服务设施、养老托幼设施等进行系统整合，构建了"安全智慧、友邻关爱、绿色生态、教育学习、管理有序"的完整居住社区。

通过对片区内街区的业态进行统筹整合升级，既提升了居民生活的便利度，又升级了街区产业。街区坊巷和小区风貌进行统一规划，修复城市基因，提升城市风貌。

2. 引进社会资本落实资金共担，补齐配套短板

引进民营资本投入1000万元建设西苑立体车库，成为杭州市首个老旧小区立

体停车库，拥有180个泊车位，破解居民停车难的问题。

推进既有住宅加装电梯连幢连片改造，加装电梯18台均由居民资金共担建设完成等。

3. 挖潜社区文化，注重历史文化传承

改造时，充分挖掘大关西八苑百姓书场16年的历史底蕴，落地全市首个杭州评话主题公园，引进老开心茶馆专业运维。

并培育出大关京剧社、乐迷秀团、旗袍改良秀、书画社、爱心花满屋等文艺团队16支300余人，挖掘"绳编技艺""民间根艺"等文化项目，培养核心传人17人。

改造前后效果见图6-64～图6-71。

图6-64　小区入口改造前

图6-65　小区入口改造后

图6-66　休息亭改造前

图6-67　休息亭改造后

图6-68　百姓书场改造前

图6-69　百姓书场改造后

图6-70 停车场改造前

图6-71 停车场改造后